全国技工院校"十二五"系列规划教材

机械制造工艺及夹具

（任务驱动模式）

主　编　韦　森
副主编　徐永茂　陈　建
参　编　罗莹艳　田　华　梁东明　支保军　陈鸿飞
主　审　刘治伟

机械工业出版社

本书根据技工院校、职业技术院校机械加工专业对学生的培养目标和企业需求，采用"任务驱动"的教学模式编写，主要介绍典型零件机械加工工艺规程编制及常用机床夹具设计的基本方法，内容包括：轴类零件、叉架类零件、齿轮类零件机械加工工艺规程编制和钻床、车床、铣床夹具设计。

本书可作为技工院校、职业院校机械类专业的教材，还可供从事机械制造的工程技术人员参考。

图书在版编目（CIP）数据

机械制造工艺及夹具：任务驱动模式/韦森主编.
—北京：机械工业出版社，2014.9（2024.2重印）
全国技工院校"十二五"系列规划教材
ISBN 978-7-111-47972-7

Ⅰ.①机…　Ⅱ.①韦…　Ⅲ.①机械制造工艺-高等职业教育-教材②机床夹具-设计-高等职业教育-教材
Ⅳ.①TH16②TG750.2

中国版本图书馆 CIP 数据核字（2014）第 212891 号

机械工业出版社（北京市百万庄大街22号　邮政编码100037）
策划编辑：马　晋　责任编辑：马　晋　王晓洁
封面设计：张　静　责任校对：刘秀丽
责任印制：常天培
固安县铭成印刷有限公司印刷
2024 年 2 月第 1 版·第 9 次印刷
184mm×260mm·12.25 印张·290 千字
标准书号：ISBN 978-7-111-47972-7
定价：29.80 元

电话服务　　　　　　　　　网络服务
客服电话：010-88361066　　机　工　官　网：www.cmpbook.com
　　　　　010-88379833　　机　工　官　博：weibo.com/cmp1952
　　　　　010-68326294　　金　书　网：www.golden-book.com
封底无防伪标均为盗版　机工教育服务网：www.cmpedu.com

全国技工院校"十二五"系列规划教材
编审委员会

序

"十二五"期间，加速转变生产方式，调整产业结构，将是我国国民经济和社会发展的重中之重。而要完成这种转变和调整，就必须有一大批高素质的技能型人才作为后盾。根据《国家中长期人才发展规划纲要（2010—2020年)》的要求，至2020年，我国高技能人才占技能劳动者的比例将由2008年的24.4%上升到28%（目前一些经济发达国家的这个比例已达到40%）。可以预见，作为高技能人才培养重要组成部分的高级技工教育，在未来的10年必将会迎来一个高速发展的黄金期。近几年来，各职业院校都在积极开展高级工培养的试点工作，并取得了较好的效果。但由于起步较晚，课程体系、教学模式都还有待完善与提高，教材建设也相对滞后，至今还没有一套适合高级技工教育快速发展需要的成体系、高质量的教材。即使一些专业（工种）有高级工教材也不是很完善，或是内容陈旧、实用性不强，或是形式单一、无法突出高技能人才培养的特色，更没有形成合理的体系。因此，开发一套体系完整、特色鲜明、适合理论实践一体化教学、反映企业最新技术与工艺的高级工教材，就成为高级技工教育亟待解决的课题。

鉴于高级技工教材短缺的现状，机械工业出版社与中国机械工业教育协会从2010年10月开始，组织相关人员，采用走访、问卷调查、座谈等方式，对全国有代表性的机电行业企业、部分省市的职业院校进行了历时6个月的深入调研。对目前企业对高级工的知识、技能要求，各学校高级工教育教学现状、教学和课程改革情况以及对教材的需求等有了比较清晰的认识。在此基础上，他们紧紧依托行业优势，以为企业输送满足其岗位需求的合格人才为最终目标，组织了行业和技能教育方面的专家精心规划了教材书目，对编写内容、编写模式等进行了深入探讨，形成了本系列教材的基本编写框架。为保证教材的编写质量、编写队伍的专业性和权威性，2011年5月，他们面向全国技工院校公开征稿，共收到来自全国22个省（直辖市）的110多所学校的600多份申报材料。在组织专家对作者及教材编写大纲进行了严格的评审后，决定首批启动编写机械加工制造类专业、电工电子类专业、汽车检测与维修专业、计算机技术相关专业教材以及部分公共基础课教材等，共计80余种。

本系列教材的编写指导思想明确，坚持以达到国家职业技能鉴定标准和就业能力为目标，以各专业的工作内容为主线，以工作任务为引领，由浅入深，循序渐进，精简理论，突出核心技能与实操能力，使理论与实践融为一体，充分体现"教、学、做合一"的教学思想，致力于构建符合当前教学改革方向的，以培养应用型、技术型、创新型人才为目标的教材体系。

本系列教材重点突出了如下三个特色：一是"新"字当头，即体系新、模式新、内容新。体系新是把教材以学科体系为主转变为以专业技术体系为主；模式新是把教材传统章节模式转变为以工作过程的项目为主；内容新是教材充分反映了新材料、新工艺、新技术、新方法。二是注重科学性。教材从体系、模式到内容符合教学规律，符合国内外制造技术水平实际情况。在具体任务和实例的选取上，突出先进性、实用性和典型性，便于组织教学，以提高学生的学习效率。三是体现普适性。由于当前高级工生源既有中职毕业生，又有高中生，各自学制也不同，还要考虑到在职人群，教材内容安排上尽量照顾到了不同的求学者，适用面比较广泛。

此外，本套教材还配备了电子教学课件，以及相应的习题集，实验、实习教程，现场操作视频等，初步实现教材的立体化。

我相信，本套教材的编辑出版，对深化职业技术教育改革，提高高级工培养的质量，都会起到积极的作用。在此，我谨向各位作者和所在单位及为这套教材出力的学者表示衷心的感谢。

原机械工业部教育司副司长
中国机械工业教育协会高级顾问

前 言

本书是机械制造类专业中的专业主干课程教材，具有高度的实践性和综合性。全书按相关国家职业标准中对职业能力的要求，紧紧围绕高素质技能型人才的培养目标，以能力培养为本位，以工作岗位为依据，摒弃原来的"纯理论"教学，融"教、学、做"为一体，并以学生"做设计"为主体，实现专业教材和工作岗位的有机对接，变学科式学习环境为岗位式学习环境，从而提高学生的岗位适应能力。

本书以工艺编制和夹具设计任务为主线，以典型工作任务为载体，力求内容贴近实际工作过程。全书分两大项目，项目1为典型零件的机械加工工艺规程编制，项目2为机床夹具设计，主要以工作过程为导向，通过若干个典型工作任务让学生在完成学习任务的过程中掌握知识和技能，从而培养分析问题和解决问题的综合职业能力。书中尽可能反映新知识、新技术、新设备和新材料等方面的内容，与生产实际紧密结合，具有鲜明的职业特征。

本书由韦森任主编，徐永茂、陈建任副主编。具体编写分工如下：任务1由罗莹艳编写、任务2由田华编写、任务3由陈建编写，任务4由徐永茂编写、任务5由陈鸿飞编写、任务6由支保军、梁东明编写。全书由韦森统稿，由刘治伟主审。

本书的编写工作得到了多所学校领导的重视和支持，参加本书编审的人员均为相关学校的教学骨干，为编好本书提供了良好的技术保证，在此对相关学校的支持表示感谢。

由于时间和编者水平有限，书中难免存在某些缺点或错误，敬请读者批评指正。

编 者

目　录

项目1 典型零件机械加工工艺规程编制

任务1 轴类零件机械加工工艺规程编制

1

学习目标
1. 掌握轴的分类、特点及应用。
2. 能够对轴的结构进行工艺分析。
3. 能够确定产品的生产纲领和生产类型。
4. 能够根据轴类图样及工艺要求制订工艺路线。
5. 能够规范编写轴类零件的工艺规程。

任务描述

某企业接到一批图 1-1 所示的减速器转轴生产订单，数量为 1000 件，要求在一年内完成该零件的加工任务。生产部门接到任务后，组织技术人员编制该零件的机械加工工艺规程，编写机械加工工艺过程卡及工序卡，以指导工人进行生产，保证按质按量完成该任务。

任务分析

轴类零件一般由外圆柱面、圆锥面、阶台、螺纹、键槽、中心孔及相应端面所组成。公差等级一般为 IT5 ~ IT8，表面粗糙度值为 $Ra0.4 \sim 3.2\mu m$。图 1-1 所示转轴中的圆柱面一般用做支撑传动零件（如齿轮、带轮、凸轮等）和传递转矩，端面和阶台一般用来固定轴上零件的轴向位置，并保证安装在轴上的零件具有一定的回转精度。该零件加工部位需要使用卧式车床、铣床及外圆磨床等设备加工。

要完成本任务，需要学习轴类零件的相关工艺知识及机械加工工艺规程的编写方法和要求。首先要进行工艺分析（包括零件结构、技术要求及工艺性等）；然后确定零件的生产类型、材料、毛坯、加工工艺路线、加工方法、加工工时及定位基准等；其次是进行工序余量、工序尺寸及公差等计算，确定设备、工具、量具、夹具、刀具、切削用量等；最后完成工艺文件的编制。

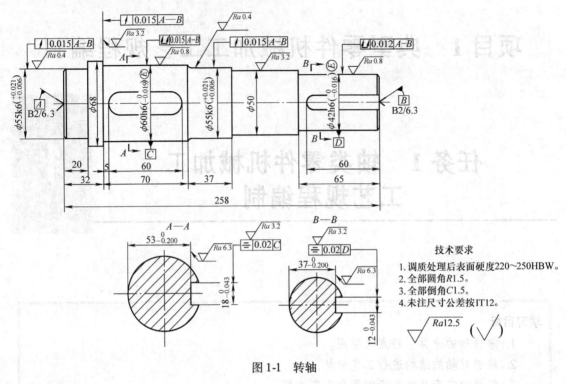

图 1-1　转轴

技术要求
1. 调质处理后表面硬度220～250HBW。
2. 全部圆角R1.5。
3. 全部倒角C1.5。
4. 未注尺寸公差按IT12。

 相关知识

一、轴的分类

轴的分类方法有多种，常用的分类方法主要有三种：一是按轴的承载情况不同，轴可分为心轴、传动轴和转轴三类；二是按轴线形状不同，轴可分为直轴、曲轴和钢丝软轴三类；三是按轴的结构特征不同，可分为光轴、阶梯轴、空心轴和异形轴（包括曲轴、凸轮轴和偏心轴等）四类，其中若按轴的长度和直径之比来分，又可分为刚性轴（$L/d \leqslant 12$）和挠性轴（$L/d > 12$）两类。

1. 按轴的承载情况分类

（1）心轴　工作时只承受弯矩而不传递转矩（即 $T=0$）的轴。它又可分为固定心轴和转动心轴。不随转动零件一同转动的心轴称为固定心轴，如自行车的前轴（图 1-2a）。随动零件一同转动的心轴称为转动心轴，如火车车轮轴（图 1-2b）。

（2）传动轴　主要传递转矩、不承受弯矩或弯矩很小（即 $M \approx 0$）的轴。如汽车变速箱与后桥间的传动轴（图 1-2c）。

（3）转轴　工作时既承受弯矩又传递转矩的轴。如机床的主轴和减速器中的齿轮轴（图 1-2d）。它是机器中最常见的轴。

2. 按轴线形状分类

（1）直轴　轴线是一条直线，如图 1-2 中的 4 种轴均为直轴。直轴按其外形又分为光轴（轴外径相等）和阶梯轴（图 1-2d）两种。

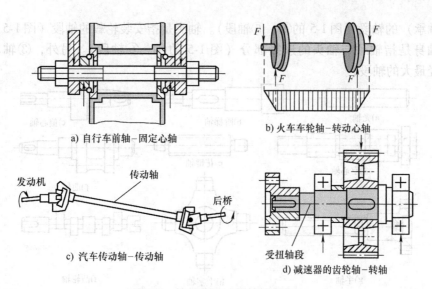

a) 自行车前轴-固定心轴　　　　b) 火车车轮轴-转动心轴

c) 汽车传动轴-传动轴

d) 减速器的齿轮轴-转轴

图 1-2　轴的分类（按轴的承载）

（2）曲轴　数个轴段的轴线平行但不重合、形状较复杂的多拐偏心轴（图 1-3a）。通过曲轴-连杆-滑块（活塞）可将回转运动变为往复直线运动，因而曲轴在发动机和空压机中应用非常广泛。

（3）钢丝软轴　轴线可任意弯曲，并将旋转运动灵活地传递到所需要的任何位置的轴（图 1-3b）。

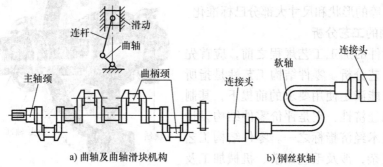

a) 曲轴及曲轴滑块机构　　　　b) 钢丝软轴

图 1-3　轴的分类（按轴线几何形状）

3. 按轴的结构特征分类（图 1-4）

在机械加工中，零件的结构特征至关重要，因为要通过机械加工工艺直接改变工件形状、尺寸、相对位置和性能等，以获得符合要求的成品或半成品。因此，这是机械加工中最常用的分类方法，也是轴类零件命名的主要方法。按此分类，主要有光轴、阶梯轴、偏心轴、空心轴、花键轴、曲轴、半轴、十字轴、凸轮轴（图 1-4）。其中，阶梯轴便于轴上零件的装拆、定位和紧固，是机器中应用最为广泛的一种基本轴。

二、阶梯轴

1. 阶梯轴的结构

如图 1-5 所示，一般阶梯轴主要由轴颈、轴头和轴身三部分组成。轴颈是指轴上被支撑

（即安装轴承）的轴段（图1-5的①、⑤轴段）。轴头是指安装轮毂的轴段（图1-5的②、⑦轴段）。轴身是指轴颈与轴头的连接部分（图1-5的④、⑥轴段）。另外，③轴段叫轴环（轴上外径最大的轴段）。

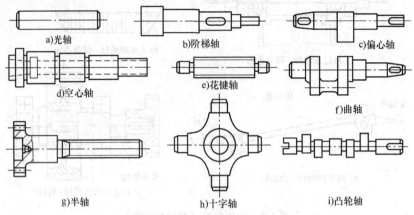

a)光轴　　　　　　　b)阶梯轴　　　　　　c)偏心轴
d)空心轴　　　e)花键轴　　　　　　f)曲轴
g)半轴　　　　　　h)十字轴　　　　i)凸轮轴

图1-4　轴的分类（按轴的结构特征）

综上所述，阶梯轴的基本结构是由同一轴线、不同直径的各回转体（轴段）组成，其主要加工表面有内、外圆柱（或锥）面、端面、沟槽、螺纹、花键和横向孔等，其中常用的一些典型工艺结构，如键槽、退刀槽、螺纹、倒角和中心孔等的形状和尺寸大部分已标准化。

2. 阶梯轴的工艺分析

在制订零件的加工工艺规程之前，应首先对零件进行工艺分析。零件结构工艺性是指所设计的零件在能满足使用要求的前提下，其制造的可行性和经济性，它是评价零件结构设计优劣的主要技术经济指标之一。零件结构工艺性问题比较复杂，涉及毛坯制造、机械加工及装配等各个方面。

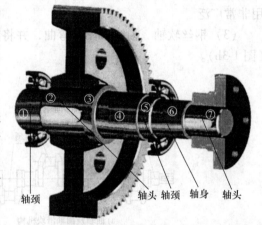

轴颈　　　　　　　轴头 轴颈 轴身 轴头

图1-5　阶梯轴主要结构

在制订机械加工工艺规程时，主要进行零件切削加工工艺性分析。归纳起来，主要有以下几方面的要求：

1）工件应便于装夹和减少装夹次数。

2）应减少刀具的调整与进给次数。

3）应采用标准刀具，减少刀具种类。

4）应减少刀具切削空行程。

5）应避免内凹表面及内表面的加工。

6）加工时应便于进刀、退刀和测量。

7）应减少加工表面数和缩小加工表面面积。

8）应增强刀具的刚度和寿命。

9）应保证零件加工时有必要的刚度。

（1）轴类零件的主要技术要求

1）尺寸精度和几何形状精度。轴上轴颈和轴头是轴的最重要表面，是轴的装配基准，对轴的回转精度及工作状态影响极大。轴颈的要求较高，直径尺寸的公差等级通常为 IT5 ~ IT7。轴头则略低，公差等级为 IT6 ~ IT8。形状精度（圆度、圆柱度）控制在直径公差之内，倘若形状精度要求较高，应在零件图样上另行规定其允许的公差。

2）相互位置精度。轴类零件中的轴头轴颈对于支撑轴颈的同轴度是其相互位置精度的普遍要求，否则会影响传动件（齿轮等）的传动精度，并产生振动及噪声。普通精度的轴，配合轴颈对支撑轴颈的径向圆跳动一般为 0.01 ~ 0.03mm，高精度轴为 0.001 ~ 0.005mm。此外，相互位置精度还有同轴度要求，轴向定位端面与轴线的垂直度要求等。

3）表面粗糙度。根据零件的表面工作部位的不同，可有不同的表面粗糙度值。例如：支承轴颈的表面粗糙度为 $Ra0.16 ~ 0.63\mu m$，轴头轴颈的表面粗糙度为 $Ra0.63 ~ 2.5\mu m$。随着机器运转速度的增大和精密程度的提高，要求轴类零件表面粗糙度值也将越来越小。

（2）轴类零件的材料热处理及毛坯 轴类零件常用的材料有普通碳素结构钢、优质碳素结构钢、合金结构钢、轴承钢和弹簧钢等。合理选用材料和规定热处理的技术要求，对提高轴类零件的强度和使用寿命有重要意义，同时，对轴的加工过程有极大的影响。

对于不重要的轴，可采用普通碳素结构钢 Q235A、Q255A 等，不经热处理直接加工使用。一般轴类零件可采用常用优质碳素结构 35 钢、45 钢、50 钢。根据不同的工作条件，采用不同的热处理工艺（如正火、退火、调质、淬火等），以获得一定的强度、韧性和耐磨性。对于中等精度而转速较高的轴类零件，可选用 40Cr 等合金钢。经调质和表面淬火处理后，具有较高的综合力学性能。对于精度较高的轴，可选用轴承钢 GCr15 和弹簧钢 65Mn 等材料，通过调质和表面淬火处理后，具有更好的耐磨性和耐疲劳性能。对于高转速、重载荷等条件下工作的轴，可选用 20CrMnTi、20Mn2B、20Cr 等低碳合金钢，经过渗碳淬火或氮化处理后，可获得高的表面硬度、冲击韧性和心部强度，且热处理变形小。

轴类零件的毛坯一般用轧制的圆钢或锻件。其中，锻件的内部组织比较均匀，强度较高，所以重要的轴以及大尺寸或阶梯尺寸变化较大的轴，应采用锻件毛坯；对于某些大型的、结构复杂的轴可采用铸件毛坯。

（3）零件的结构工艺性 分析表 1-1 中各轴类零件的结构工艺性，对方案 A 与方案 B 进行比较，显然方案 B 比方案 A 合理。

表 1-1 轴类结构工艺性比较实例

序号	零件图图例	
	结构设计方案 A	结构设计方案 B
1		
2		

（续）

序号	零件图图例	
	结构设计方案 A	结构设计方案 B
3	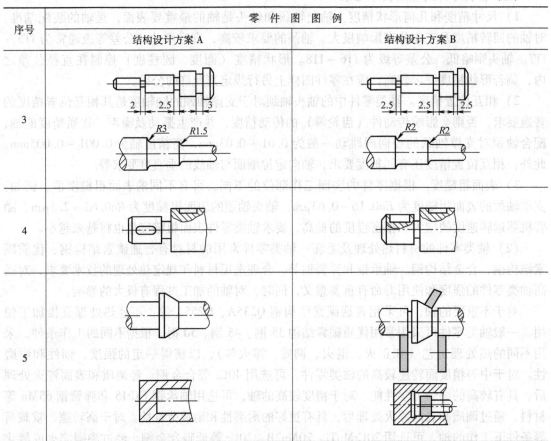	
4		
5		

实际生产工作中，在零件的工艺分析之后，不论有无工艺问题，都必须与零件设计人员进行沟通及记录。倘若发现工艺问题，应提请零件设计人员研究和解决，修改定稿后，重新进行相应的工艺分析。

（4）定位基准的选择　加工轴类零件常以外圆和中心孔作为定位基准。外圆常作为加工时的粗基准，而中心孔通常作为精基准，因为中心孔定位既符合基准重合原则又符合基准统一原则。

三、机械加工工艺过程及其组成

1. 生产过程和机械加工工艺过程

（1）生产过程　由原材料或半成品转变为成品之间各个相互联系的劳动过程的总和称为生产过程。其中包括：

1）原材料、半成品、成品（产品）的运输和保存。

2）生产技术准备工作主要是指投入生产前的各项生产和技术准备工作。如产品的实验和设计、工艺设计和专用工装设备的设计和制造、各种生产资料的准备以及生产组织等方面的准备工作。

3）毛坯的制造过程，如铸造、锻造、冲压等。

4）零件的各种加工过程，如机械加工、焊接、热处理和其他表面处理。

5）各种零、部件和产品的装配、调试、检验、实验、油漆和包装等。

由上述过程可以看出，机械产品的生产过程的内容十分广泛，其影响的因素和涉及的问题复杂多变。为了便于生产管理，适应现代机械工业的发展，目前很多机械产品往往是先由分散在若干个专业化工厂进行生产，最后集中由一个工厂组装成完整的机械产品。这样，既有利于零、部件的标准化、通用化和产品的系列化以及组织生产的专业化，又能在保证产品质量的前提下，提高劳动生产率和降低产品成本。

一个工厂的生产过程又可分为若干车间的生产过程。某一车间所用的原材料（半成品），可能是另一车间的成品，而它的成品又可能是其他车间的原材料（半成品）。例如，机械加工车间的原材料是铸造车间的铸件或锻压车间的成品（铸件或锻件），而机械加工车间的成品又是装配车间的原材料（半成品）。

（2）工艺过程　在生产过程中直接改变生产对象的形状、尺寸、相对位置和性质等，使其成为成品或半成品的过程，称为工艺过程。工艺过程是生产过程的主要部分。例如：毛坯的制造、热处理、机械加工以及产品的装配等均为工艺过程；而运输、保管、生产计划的制订、工艺规程的编写、生产工具的准备、设备维修等其他过程则称为辅助过程。

（3）机械加工工艺过程　采用机械加工的方法，直接改变毛坯的形状、尺寸和表面性质等，使之成为产品零件的过程称为机械加工工艺过程。

2. 机械加工工艺过程的组成

机械加工工艺过程是由一个或若干个顺序排列的工序组成的，而每一道工序又可分为若干个安装、工位、工步和走刀。

（1）工序　一个工人或一组工人在一个工作地点，连续完成的一个或几个零件的工艺过程中某一部分，称为工序。工序是组成工艺过程的基本单元，又是生产管理和经济核算的基本依据。

（2）工艺路线　在制订机械加工工艺过程中，必须确定该工件要经过几道工序以及工序进行的先后顺序。仅列出主要工序名称及其加工顺序的简略工艺过程，称为工艺路线。

一个零件往往是经过若干个工序才制成。划分工序的主要依据是工作地（设备）是否变动和工作是否连续。如图 1-1 所示的转轴，当加工数量较少时，可按表 1-2 划分工序；当加工数量较多时，可按表 1-3 划分工序。

表 1-2　转轴工艺过程（加工数量较少时）

工序号	工 序 内 容	设备
1	车端面、钻中心孔、车全部外圆及倒角	车床
2	铣键槽、去毛刺	铣床
3	磨外圆	外圆磨床

（3）装夹与工位　工件在机床或夹具中定位并夹紧的过程为装夹。在一道工序中，工件可能被装夹一次或多次才能完成加工。工件在加工中应尽量减少装夹次数，因为多一次装夹，就多产生一次装夹误差，而且增加装夹工件的辅助时间。为了减少工件装夹的次数，才在加工中采用各种回转工作台、回转夹具或移动夹具及多轴机床，以使工件几个不同的位置在一次装夹中先后进行加工。

工件在机床上所占据的每一个位置上所完成的那部分工序就称为工位。图1-6为利用回转工作台在一次装夹中顺次完成装卸工作、钻孔、扩孔和铰孔四个工位的示意图。

表1-3 转轴工艺过程（加工数量较多时）

工序号	工序内容	设备
1	两边铣端面，钻中心孔	铣端面钻中心孔机床
2	车一端外圆，倒角	车床
3	车一端外圆，倒角	车床
4	铣键槽	铣床
5	去毛刺	钳工台
6	磨外圆	磨床

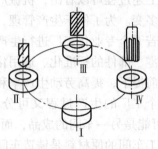

图1-6 多工位加工

（4）工步与进给 在加工表面、切削刀具、切削速度和进给量都保持不变的条件下所完成的那部分工序称为工步。在一个工序中可以有一个工步，也可以有几个工步。图1-7为底座零件孔加工工序，由钻、扩和锪三个工步组成。为了提高生产率，用几把刀具同时加工一个工件的几个表面的工步称为复合工步。图1-8为用车刀加工外圆的同时，用钻头对内孔进行切削加工。在工艺文件上，复合工步记为一个工步。

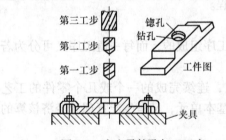

图1-7 底座零件孔加工工序

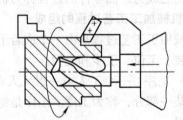

图1-8 复合工步

在工步中，刀具相对被加工表面移动一次，切去一层金属的过程，称为进给。如果在一个工步中需切去很厚的金属层，要分几次切削，每切削一次就是一次进给。一个工步可包括一次或几次进给。图1-9为加工阶梯轴时的进给示意图。

四、生产纲领和生产类型的划分

1. 生产纲领

生产纲领是指企业在计划期内应当生产产品的品种、规格及产量和进度计划。计划期通常为一年，所以生产纲领也通常称为年生产纲领。

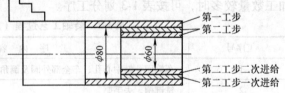

图1-9 加工阶梯轴时的进给示意图

对于零件而言，产品的产量除了所需要的数量之外，还要包括一定的备品和废品，因此零件的生产纲领可按下式计算

$$N = Qn(1 + a\%)(1 + b\%) \tag{1-1}$$

式中 N——零件的年产量（件/年）；

Q——产品的年产量（台/年）；

n——每台产品中该零件的数量（件/台）；

$a\%$——该零件的备品率（备品百分率）；

$b\%$——该零件的废品率（废品百分率）。

2. 生产类型

生产类型是企业（或车间、工段、班组、工作地）生产专业化程度的分类。它一般分为单件生产、大量生产和批量生产。

（1）单件生产 生产的产品品种繁多，同一产品的产量很少（单件或少数几件），且加工对象很少重复的生产称为单件生产。常用于新产品的试制、重型机器和专用设备的制造等。

（2）大量生产 生产的产品品种单一且固定，同一产品的产量很大，通常工作地长期进行某一零件某道工序的加工称为大量生产。例如汽车、发动机及一些通用件（如轴承）等的制造。

（3）成批生产 一年中分批轮流的制造相同产品，每种产品具有一定的数量，且呈周期性重复的生产为成批生产。在成批生产中，每批生产相同零件的数量称为批量。根据批量的大小，成批生产又分为小批生产、中批生产和大批生产。例如：通用机床、机车的制造等属于中批生产，飞机、航空发动机制造大多属于小批生产。在工艺上，由于小批生产与单件生产相似，所以常合称为单件小批生产。大批生产与大量生产相似，常合称为大批大量生产。

生产类型的划分可根据零件年生产纲领的大小，参考表1-4来确定。

表1-4 生产纲领与生产类型的关系 （单位：件/年）

生产类型	零件年生产纲领		
	重型零件（≥50kg）	中型零件（15~50kg）	轻型零件（<15kg）
单件生产	<5	<20	<100
小批生产	5~100	20~200	100~500
中批生产	100~300	200~500	500~5000
大批生产	300~1000	500~5000	5000~50000
大量生产	>1000	>5000	>50000

生产类型不同，工艺特点也不相同。各种生产类型的工艺特征见表1-5。在制订零件机械加工工艺规程时，先确定生产类型，再参考表1-5确定该生产类型下的工艺特征，以使所制订的工艺规程正确合理。

表1-5 各种生产类型的工艺特征

工艺特点	生 产 类 型		
	单件、小批生产	成批生产	大批、大量生产
产品数量	少	中等	大量
加工对象	经常变换	周期性变换	固定不变
机床设备和布置	采用通用（万能的）设备，按机群布置	通用的和部分专用设备，按工艺路线布置成流水线	广泛采用高效率专用设备和自动化生产线

（续）

工艺特点	生 产 类 型		
	单件、小批生产	成批生产	大批、大量生产
夹具	一般采用通用夹具	广泛使用专用夹具和特种工具	广泛使用高效率专用夹具和特种工具
刀具和量具	一般刀具和通用量具	部分地采用专用刀具和量具	采用高效率专用刀具和量具
安装方法	划线找正	部分划线找正	不需划线找正
加工方法	根据测量进行试切加工	用调整法加工，有时还可组织成组加工	使用调整法自动化加工
装配方法	钳工试配	普遍应用互换性，同时保留某些试配	全部互换，某些精度较高的配合件用配磨、配研、选择装配，不需钳工试配
毛坯制造	木模造型和自由锻	部分采用金属模造型和模锻	采用金属模机器造型、模锻、压力铸造等高效率毛坯制造方法
工人技术水平	需技术熟练工人	需技术比较熟练的工人	调整工要求技术熟练，操作工要求技术熟练程度较低
工艺过程的要求	只编制简单的工艺过程卡	除有较详细的工艺过程卡，对重要零件的关键工序需有详细说明的工序操作卡	详细编制工艺过程和各种工艺文件
生产率	低	中	高
成本	高	中	低

五、机械加工工艺规程及其作用

1. 机械加工工艺规程

机械加工工艺规程是规定零件机械加工工艺过程和操作方法等的技术文件。一般包括下列内容：工件加工的工艺路线、各工序的具体内容及所用的设备和工艺装备、工件的检验项目、所用的检验方法、切削用量、时间定额等。

2. 机械加工工艺规程的格式

（1）机械加工工艺过程卡（见表1-6） 它是以工序为单位，简要说明零件机械加工工程的一种工艺文件。由于这种卡片内容简单，对各道工序说明不够具体，一般不能直接指导工人操作，主要用于单件和小批生产的生产管理。

（2）机械加工工艺卡（见表1-7） 它是以工序为单位，详细说明零件的机械加工工艺过程的工艺文件。它用来指导工人进行生产和帮助管理人员及技术人员掌握整个零件的加工过程，广泛用于成批生产和单件小批生产中比较重要的零件。

（3）机械加工工序卡（见表1-8） 它是在工艺过程卡的基础上按每道工序编制，一般具有工序简图（图上标明定位基准、工序尺寸及其公差，加工表面粗糙度要求及用粗实线表示的加工部位等），并详细说明该工序中的每个工步的加工内容、工艺装备、所用设备、工艺参数和时间定额等，主要用来具体指导操作工人进行生产的一种工艺文件。它多用于大批大量生产和成批生产。

表 1-6 机械加工工艺过程卡

机械加工工艺过程卡片		产品型号		零件图号		共 页	第 页
		产品名称		零件名称			

材料牌号		毛坯种类		毛坯外形尺寸		每毛坯件数		每台件数		备注	

工序号	工序名称	工序内容	车间	工段	设备	工艺装备	工时	
							准终	单件

			设计	校对	审核	标准化	会签
			(日期)	(日期)	(日期)	(日期)	(日期)

标记	处数	更改文件号	签字	日期	标记	处数	更改文件号	签字	日期

表1-7　机械加工工艺卡

机械加工工艺卡片	产品型号		零件图号				共　页　第　页
	产品名称		零件名称				

材料牌号	毛坯种类	毛坯外形尺寸		每毛坯件数	每台件数		备注

工序号	装夹	工步	工序内容	同时加工零件数	背吃刀量 /mm	切削速度 /(m/min)	每分钟转速或往复次数	进给量 /(mm/r)	设备名称及编号	夹具	刀具	量具	技术等级	准终	单件
					切削用量					工艺装备				工时	

				设计 （日期）	校对 （日期）	审核 （日期）	标准化 （日期）	会签 （日期）
标记	处数	更改文件号	签字	日期	标记	处数	更改文件号	签字	日期

表1-8　机械加工工序卡

机械加工工序卡片		产品型号		零件图号		共　页
		产品名称		零件名称		第　页

（工序简图）

车间	工序号	工序名称	材料牌号
毛坯种类	毛坯外形尺寸	每毛坯可制件数	每台件数
设备名称	设备型号	设备编号	同时加工件数
夹具编号	夹具名称		切削液
工位器具编号	工位器具名称		工序工时/min　准终　单件

工步号	工步内容	工艺装备	主轴转速 /(r/min)	切削速度 /(m/min)	进给量 /(mm/r)	背吃刀量 /mm	进给次数	工步工时 机动 辅助

			设计 （日期）	校对 （日期）	审核 （日期）	标准化 （日期）	会签 （日期）
标记	处数	更改文件号	签字	日期	标记	处数	更改文件号	签字	日期

3. 机械加工工艺规程的作用

1）工艺规程是指导生产的主要技术文件。工合理的工艺规程是建立在正确的工艺原理和实践的基础上的，是科学技术和实践经验的结晶。因此，它是获得合格产品的技术保证，一切生产和管理人员必须严格遵守。

2）工艺规程是企业组织生产和管理工作的基本依据。产品在投入生产之前要作大量的生产准备工作，包括材料和毛坯的供应、机床的配备和调理中、专用工艺装备的设计制造、核算生产成本以及配备人员等，所有这些工作都要根据工艺规程进行。

3）工艺规程是新建和扩建机械制造厂（或车间）的重要文件。在新建扩建或改造工厂或车间时，应根据产品的生产类型及工艺规程来确定生产所需机床和其他设备的种类、规格和数量，工人工种、数量及技术等级，确定车间面积及机床的布置等。

4）工艺规程是进行技术交流的重要手段。先进的工艺规程对提高整个行业的技术水平和降低产品成本起着重要的推动作用。典型和标准的工艺规程能缩短工厂的摸索和试制过程。

5）工艺规程是经过逐级审批的，是工厂生产中的工作纪律，有关人员必须严格执行。但是，随着生产的发展和科学技术的进步，工艺规程会出现不适应，因此要求技术人员及时吸取合理化建议、革新成果、新技术和新工艺，对工艺规程进行定期修订，使工艺规程更完善和合理。

六、机械加工的工序设计

1. 机床与工艺装备的选择

（1）机床的选择　正确选择机床设备是一件很重要的工作，它不但直接影响工作的质量，而且还影响工件的加工效率和制造成本。所选机床设备的自动化程度和生产效率应与工件类型相适应，电动机的功率应与本工序加工所需功率相适应。

选择机床设备的原则是：

1）机床的主要规格尺寸应与被加工零件的外廓尺寸相适应。

2）机床的精度应与工序要求的加工精度相适应。

3）机床的生产率应与被加工零件的生产类型相适应。

4）机床的选择应适应工厂现有的设备条件。

如果需要改装或设计专用机床，则应提出设计任务书，阐明与加工工序内容有关的参数、生产率要求、保证零件质量的条件以及机床总体布置形式等。工艺装备的选择将直接影响工件的加工精度、生产效率和制造成本，应根据不同情况适当选择。在中小批生产条件下，应首先考虑选用通用工艺装备（包括夹具、量具和辅具）；在大批量生产中，可根据加工要求设计制造专用工艺装备。

（2）工艺装备的选择　选择工艺装备主要是确定各工序所用的刀具、夹具、量具和辅助工具等。其各种工艺装备选择原则如下：

1）夹具的选择。单件小批生产，应尽量选用通用工具，如各种卡盘、虎钳和回转台等，为提高生产率可积极推广和使用成组夹具或组合夹具。大批大量生产可采用高效的液压气动等专用工具。夹具的精度应与工件的加工精度要求相适应。

2）刀具的选择。一般采用通用刀具或标准刀具，必要时也可采用高效复合刀具及其他专用刀具。刀具的类型、规格和精度应符合零件的加工要求。

3）量具的选择。单件小批量生产应采用通用量具，大批大量生产中采用各种量规和一些高效的检验工具。选用的量具精度应与零件的加工精度相适应。

如果需要采用专用的工艺装备时，则应提出设计任务书。

2. 拟订工艺路线

（1）表面加工方法的选择 选择加工方法主要应考虑加工表面的技术要求。还应考虑每种加工方法的加工经济精度范围；材料的性质及可加工性；工件的结构形状和尺寸大小；生产类型；工厂现有设备条件等。

在正常生产条件下，能较经济地达到的精度范围，称为该加工方法的经济精度。外圆加工的经济精度与表面粗糙度见表1-9。

表1-9 外圆加工的经济精度与表面粗糙度

序号	加工方法	经济精度 IT	表面粗糙度 $Ra/\mu m$	适用范围
1	粗车	11 ~ 13	6.3 ~ 25	适用于淬火钢以外的各种金属
2	粗车-半精车	8 ~ 10	3.2 ~ 6.3	
3	粗车-半精车-精车	7 ~ 8	0.8 ~ 1.6	
4	粗车-半精车-精车-滚压（或抛光）	6 ~ 8	0.025 ~ 0.2	
5	粗车-半精车-磨削	7 ~ 8	0.4 ~ 0.8	主要用于淬火钢，也可用于未淬火钢，但不宜加工有色金属
6	粗车-半精车-粗磨-精磨	6 ~ 7	0.1 ~ 0.4	
7	粗车-半精车-粗磨-精磨-超精加工	5 ~ 6	0.012 ~ 0.1	
8	粗车-半精车-粗磨-精磨-研磨	5 以上	0.1	
9	粗车-半精车-粗磨-精磨-镜面磨	5 以上	0.05	
10	粗车-半精车-精车-金刚石车	11 ~ 12	0.025 ~ 0.2	主要用于加工要求较高的有色金属

（2）加工阶段的划分 加工质量要求比较高的工件车削时，通常分粗车、半精车、精车（精加工）和光整加工四个阶段。

1）粗车。粗加工阶段的主要目的是切除加工表面的大部分加工余量，主要考虑的是如何提高生产率。因此在车床功率许可下，通常采用切削深、进给快，能一次进给车削较多余量，而切削速度则相应选取低些，以防止车床过载和车刀过早磨损。粗车对加工表面没有严格要求，只需留有一定的半精车及精车余量即可。由于粗车切削力大，工件装夹必须牢固可靠，粗车刀有足够的强度。粗车的另一个作用是，可以及时发现毛坯内部的缺陷，如夹渣、砂眼、裂纹等。

2）半精车。半精加工阶段的主要任务是使零件达到一定的准确度，为重要表面的精加工做好准备（后继一般有磨削加工），并完成一些次要表面的加工。

3）精车。精加工阶段的主要任务是使主要表面达到零件的全部尺寸和技术要求。

4）光整加工。对于精度要求很高，表面粗糙度值很小的表面，要安排光整加工，提高加工表面尺寸精度和表面质量。一般不能提高位置精度。

（3）热处理工序的安排　热处理工序的安排是否合理恰当，对保证工件精度，力学性能和加工顺利进行有重要的影响。常见的热处理有退火、正火、调质、淬火、表面处理和时效等。

1）退火。目的是降低钢的硬度，提高塑性，以利于切削加工；细化晶粒，均匀钢的组织及成分，改善钢的性能或为以后的热处理作准备；消除钢中的残余内应力，防止变形和开裂。用于铸件、锻件和焊接件。退火一般安排在机械加工前进行。

2）正火。目的与退火基本相同，但组织比较细，强度、硬度比退火钢高。用于低碳钢和中碳钢。正火一般安排在机械加工前进行。

3）调质。目的是使材料获得较好的硬度塑性和韧性等方面的综合力学性能，并为以后的热处理作准备。用于各种中碳结构钢、中碳合金钢。调质一般安排在粗加工之后、半精加工之前进行；对于要求较低、尺寸较小的工件也可安排在粗加工之前进行。

4）时效。目的是用于各种精密零件消除切削加工应力，保持尺寸稳定性。低温时效一般安排在半精加工之后，或粗磨、半精磨之后，精磨之前进行。

5）淬火。目的是提高材料的硬度、强度和耐磨性。用于中碳以上结构钢和工具钢。淬火一般安排在半精加工之后，磨削加工之前进行。

表面淬火是仅对工件表层进行淬火的热处理工艺。常用的有火焰淬火和感应加热淬火。目的是使工件表面具有高硬度和耐磨性，而心部具有足够的塑性和韧性。淬硬层深度一般是高频淬火 1 ~ 2mm，中频淬火 2 ~ 6mm。

渗碳淬火是将低碳钢件在渗碳介质中加热保温，使工件的表层含碳量提高，然后经淬火回火处理。目的与表面淬火基本相同，同时还能解决工件部分表面需要淬硬的问题。渗碳层深度一般为 0.2 ~ 2mm，对不需要淬硬的表面，留 2.5 ~ 3mm 的去碳层，在渗碳后去除。用于低碳钢或低碳合金钢等，如 15Gr、20Gr 等。渗碳一般安排在半精加工之后，然后去碳、淬火。

6）渗氮。目的是提高表层的硬度，增加耐磨性、耐蚀性和疲劳强度。渗氮层深度一般为 0.25 ~ 0.6mm。用于 38GrMoAlA 等氮化钢材料。氮化前要安排调质和时效工序，渗氮后除磨削和研磨外，不进行其他机械加工。渗氮一般安排在精磨或研磨之前。

3. 切削用量的选择

切削用量是表示机床主运动和进给运动大小的重要参数，它包括背吃刀量（a_p）、进给量（f）和切削速度（v_c）三个参数。

合理选择切削用量，对于保证质量、提高生产率和降低成本具有重要作用。提高切削速度、加大进给量和背吃刀量，都使得单位时间内金属的切除增多，因而都有利于生产率的提高。但实际上它们受工件材料、加工要求、刀具寿命、机床动力、工艺系统刚性等因素限制，不可能任意选取。切削用量选得过低，降低了生产率，增加了生产成本；切削用量选得高，刀磨损加快，降低了加工质量，增加了磨刀时间和材料消耗，也会影响生产率和成本。合理选择切削用量，就是在一定条件下选择的切削用量三要素的最佳组合。其基本原则是：在保证质量的前提下，应首先选择一个尽可能大的背吃刀量；其次选择一个较大的进给量；最后，在刀具寿命和机床功率允许条件下选择一个合理的切削速度。

（1）车削时切削用量的选择

1）背吃刀量 a_p。工件已加工表面和待加工表面间的垂直距离（mm）。也就是每次进给

时车刀切入工件的深度。背吃刀量的计算公式如下

$$a_p = \frac{d_w - d_m}{2} \tag{1-2}$$

式中 d_w——工件待加工表面的直径（mm）；

d_m——工件已加工表面的直径（mm）。

车内孔时公式中的两直径之差相反。

选择切削用量时，通常是先确定背吃刀量，当车床-夹具-刀具-工件间的工艺系统刚度允许时，应尽可能选取较大的背吃刀量，以减少进给次数，提高生产效率。一般粗车时，背吃刀量 $a_p = 3 \sim 10mm$；精车时，$a_p = 0.2 \sim 1mm$。当工件精度要求较高时，则应考虑适当留出半精加工和精加工余量，常取半精车余量为 $1 \sim 3mm$，精车余量为 $0.1 \sim 0.5mm$。

2）进给量 f。指工件每转一转，车刀沿进给方向移动的距离（mm/r）。进给量分纵向进给量和横向进给量。纵向进给量指沿车床床身导轨方向的进给量，横向进给量指垂直于车床床身导轨方向的进给量。

进给量的选择主要取决于被加工表面的粗糙度要求，当工件的质量要求能够得到保证或在粗加工时，为了提高生产效率，可选较大的进给量，一般取 $f = 0.8 \sim 0.3mm/r$。当精车时，为了满足表面粗糙度的要求，宜选择较小的进给量，一般取 $f = 0.3 \sim 0.08mm/r$ 或更小。

3）切削速度（v_c）。主运动的线速度称切削速度（m/min）。也可以理解为车刀在 1min 内车削工件表面的理论展开直线长度（假定切屑无变形或收缩）。切削速度的计算公式为

$$v_c = \frac{\pi d n}{1000} \tag{1-3}$$

式中 d——工件待加工表面直径（mm）；

n——车床主轴每分钟转速（r/min）。

最后确定切削速度，选择切削速度时，首先需要考虑工件和刀具的材料及加工性质（如粗、精车）等条件。在实际生产中，情况比较复杂，一般可根据经验或从表 1-10 中选择。

表 1-10 常用切削速度（v_c） （单位：m/min）

工件材料		铸　铁		钢及其合金		铝（铜）及其合金	
工序	刀具材料	高速钢	硬质合金	高速钢	硬质合金	高速钢	硬质合金
车削	粗车	20 ~ 25	35 ~ 50	15 ~ 30	50 ~ 70	60 ~ 150	100 ~ 200
	精车	30 ~ 40	60 ~ 100	35 ~ 50	70 ~ 110	150 ~ 200	200 ~ 300

注：系统刚度差或车削内孔时取小值。

在实际操作时，通常需要确定车床主轴转速。其计算公式可由下式进行计算

$$n = \frac{1000 v_c}{\pi d} \tag{1-4}$$

（2）钻削用量的选择

1）背吃刀量 a_p。钻削实心件时一般为钻头直径的一半（mm）。即

$$a_p = \frac{D}{2} \tag{1-5}$$

式中 D——钻头的直径（mm）。

如果是扩孔，则 a_p 的计算公式与车外圆时的公式（1-2）相同，但分子应由已加工表面直径减去待加工表面直径。即

$$a_p = \frac{d_m - d_w}{2} \tag{1-6}$$

2）进给量 f。由于钻削时，a_p 通常比较大，所以进给量选择相对车外圆时要小些，一般在车床上钻孔采用手动进给较多，在钻床上钻孔可采用手动进给，也可采用机动进给。

3）切削速度 v_c。切削速度选择与车外圆时基本相同。由式（1-4）可知，机床转速与钻头直径成反比，所以钻头直径越大，选择机床转速越低。反之，机床转速要选择高些。如钻中心孔时，机床转速选择高速。

（3）磨削用量的选择

在磨削过程中，砂轮的圆周速度、工件的圆周速度、工件的纵向进给速度、砂轮的横向或垂直进给量（磨削深度）等，统称为磨削用量（图1-10）。磨削用量选择是否适当，对工件的加工精度、表面粗糙度和生产效率有直接影响，其选择原则是：在保证加工质量的前提下，以获得最高的生产效率和最低的生产成本。

在磨削用量中，除砂轮的圆周速度外，其他项目及其意义视磨削不同而各异。下面以外圆磨削为例，说明磨削用量各要素的含义。

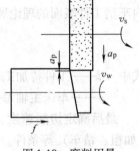

图1-10 磨削用量

1）砂轮圆周速度 v_s（又称磨削速度）。砂轮外圆表面上任一磨粒在单位时间内所经过的磨削路程，称为砂轮圆周速度。计算公式为

$$v_s = \frac{\pi D_s n}{1000 \times 60} \tag{1-7}$$

式中 D_s——砂轮直径（mm）；

n——砂轮转速（r/min）。

选择原则是：在砂轮强度和机床刚度、功率及冷却措施允许的条件下，尽可能提高砂轮的圆周速度。外圆磨削和平面磨削的磨削速度在 30～35m/s 左右，磨削速度对磨削质量和生产率有直接影响。

2）工件圆周速度 v_w（又称圆周进给）。工件被磨削表面上任意一点，在每分钟内所走过的路程，称为工件圆周速度。它也是指圆柱面磨削时工件待加工表面的线速度。计算公式为

$$v_w = \frac{\pi d_w n}{1000} \tag{1-8}$$

式中 d_w——工件外圆直径（mm）；

n——工件转速（r/min）。

工件圆周速度比砂轮圆周速度低得多，一般为 5～30m/min。

在实际生产中，工件直径是已知的，加工时通常需要确定工件的转速，为此可将上式变

换为

$$n = \frac{1000v_{w}}{\pi d_{w}} \tag{1-9}$$

所以，工件圆周速度是按工件直径选取转速的，小直径的工件磨削时转速高些，大直径的工件磨削时转速应低些。以 M1432B 万能外圆磨床为例，工件的转速可按表 1-11 选择。

表 1-11　工件转速的选择

工件直径/mm	>250	>150~250	>80~150	>50~80	>25~50	<25
工件转速/（r/min）	25	50	80	112	160	224

3) 纵向进给量 f 磨外圆时，工件每转一转相对砂轮在纵向移动的距离，称为纵向进给量。纵向进给量的选择，主要根据磨削方式、工件材料、磨削性质等确定。通常如下选择

粗磨时：　　　　　　　　$f = (0.3 \sim 0.8)B$

精磨时：　　　　　　　　$f = (0.15 \sim 0.3)B$

式中　B——砂轮宽度（mm）。

纵向进给量与纵向速度间有以下关系

$$v_{纵} = \frac{fn}{1000} \tag{1-10}$$

式中　$v_{纵}$——工作台纵向速度（m/min）；

　　　n——工件转速（r/min）。

4) 横向进给量 a_{p}（又称背吃刀量）。外圆磨削时，在每次行程终了时，砂轮在横向进给运动方向上移动的距离，称为横向进给量。其计算见公式（1-2）。

横向进给量的选择，主要是根据磨削方式、工件刚度、磨削性质、工件材料、砂轮特性确定。磨削深度大，生产率高，但对磨削精度和表面粗糙度不利。通常外圆磨削的横向进给量很小，一般选择如下

粗磨时 $a_{p} = 0.02 \sim 0.05$mm；

精磨时 $a_{p} = 0.005 \sim 0.01$mm。

4. 加工余量的确定

（1）加工余量的概念　加工余量是指在加工过程中从被加工表面上切除的金属层厚度。加工余量可分为工序余量 Z_{i} 和加工总余量 $Z_{总}$ 两种。

1) 工序余量是指工件某一表面相邻两工序尺寸之差（即一道工序中切除的金属层厚度）。工序余量有单边余量和双边余量之分。

①平面加工的余量是非对称的，故属于单边余量。其加工余量一般为前后工序的基本尺寸之差，如图 1-11 所示。

对于外表面（图 1-11a）：

$$Z = L_{a} - L_{b} \tag{1-11}$$

对于内表面（图 1-11b）：

$$Z = L_{b} - L_{a} \tag{1-12}$$

式中　Z——本工序的加工余量（mm）；

　　　L_{a}——前道工序的工序尺寸（mm）；

L_b——本工序的工序尺寸（mm）。

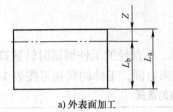
a) 外表面加工

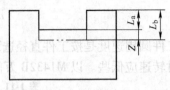
b) 内表面加工

图 1-11 单边加工余量

②回转体表面如（内、外圆柱表面）为对称表面，其加工余量为双边余量，如图 1-12 所示。

a) 外圆柱表面加工

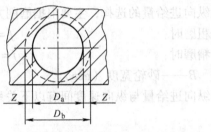
b) 内圆柱表面加工

图 1-12 双边加工余量

对于外表面（图 1-12a）：

$$2Z = d_a - d_b \tag{1-13}$$

式中　Z——本工序的加工余量（mm）；

　　　d_a——前道工序的工序尺寸（mm）；

　　　d_b——本工序的工序尺寸（mm）。

对于内表面（图 1-12b）：

$$2Z = D_b - D_a \tag{1-14}$$

式中　Z——本工序的加工余量（mm）；

　　　D_a——前道工序的工序尺寸（mm）；

　　　D_b——本工序的工序尺寸（mm）。

由于毛坯制造和各道加工工序都存在加工偏差，工序余量也随之变化。因此，工序余量又有最小余量和最大余量之分。

③对于外表面：工序最小余量等于前道工序的下极限尺寸与本工序的上极限尺寸之差；工序最大余量等于前道工序的上极限尺寸与本工序的下极限尺寸之差。即

$$Z_{min} = a_{min} - b_{max}, \quad Z_{max} = a_{max} - b_{min} \tag{1-15}$$

④对于内表面：工序最小余量等于本工序的下极限尺寸与前道工序的上极限尺寸之差；工序最大余量等于本工序的上极限尺寸与前道工序的下极限尺寸之差。即

$$Z_{min} = b_{min} - a_{max}, \quad Z_{max} = b_{max} - a_{min} \tag{1-16}$$

2）加工总余量是指同一表面上毛坯尺寸与零件设计尺寸之差（即从加工表面上切除的金属层总厚度）。它等于该表面各工序余量之和，即

$$Z_{总} = \sum_{i=1}^{n} Z_i \tag{1-17}$$

式中　Z_i——为第 i 道加工工序的加工余量（mm）；

　　　n——该表面的加工工序数目。

（2）确定加工余量的方法

1）分析计算法。这是对影响加工余量的各种因素进行分析，然后根据一定的计算式来计算加工余量的方法。此法确定的加工余量较合理且比较精确，但需要全面的试验资料，比较复杂，故很少应用。

2）经验估计法。由一些有经验的工程技术人员根据经验确定余量的大小。多用于单件小批生产，主要用来确定总余量。一般情况下，为避免因加工余量过小而产生废品，由经验法确定加工余量往往偏大。

3）查表法。根据通用的机械加工工艺人员手册或工厂制成的经验数据表格，可以查出各种工序余量或加工总余量，并结合实际加工情况加以修正，确定加工余量。此法方便、迅速，在生产中被广泛采用。

5. 工序尺寸及其公差的确定

工序余量确定后，就可计算工序尺寸。工件上的设计尺寸一般都要经过几道工序的加工才能得到，每道工序所保证的尺寸称为工序尺寸。编制工艺规程的一个重要工作就是要确定每道工序的工序尺寸及公差。工序尺寸及公差的确定，需要依据工序基准或定位基准与设计基准是否重合，分别采取不同的计算方法。

（1）基准重合时工序尺寸及公差的计算　加工轴类零件的回转表面时，其工序基准、定位基准或测量基准与设计基准都是以轴线为基准，即基准重合。表面多次加工时，工序尺寸及其公差的计算相对来说比较简单。其计算顺序是先确定各工序的加工方法，然后确定该加工方法所要求的加工余量及其所能达到的精度，再由最后一道工序逐个向前推算，即由零件图上设计尺寸开始，一直推算到毛坯图上的尺寸。工序尺寸的公差都按各工序的经济精度确定，并按"入体原则"标注上、下偏差。

（2）基准不重合时工序尺寸及公差的计算　在零件加工过程中，有时需要多次转换基准，因而引起工序基准、定位基准或测量基准与设计基准不重合。这时需要利用工艺尺寸链原理来进行工序尺寸及其公差的计算。

如图 1-13 所示的零件，零件图上标注的设计尺寸为 A_2 和 A_0。则其设计基准为零件的左端，如果切削加工后，通过测量 A_1 尺寸来保证加工要求，这时测量基准为零件的右端，存在设计基准与测量基准不重合，需要进行工艺尺寸链计算。于是 A_1、A_2 和 A_0 就形成了一个封闭的图形。这种由若干相互有联系的尺寸按一定顺序首尾相接形成的尺寸封闭图形称为尺寸链。

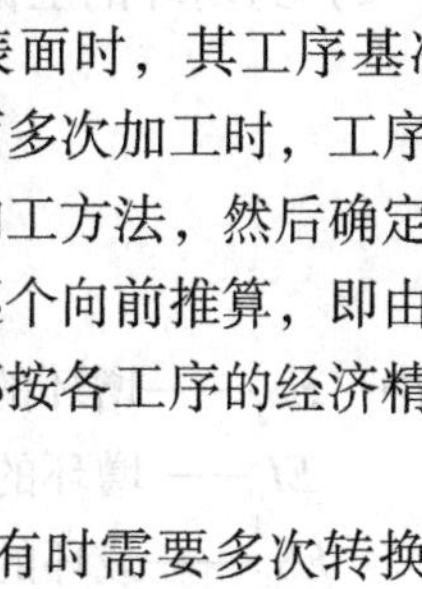

1）尺寸链具有的两个特性：一是封闭性，即组成尺寸链的各个尺寸按一定顺序构成一个封闭系统；二是相关性，即其中一个尺寸变动将影响其他尺寸的变动。

2）尺寸链的组成。构成尺寸链的各个尺寸称为环。尺寸链的环分为封闭环和组成环。

①封闭环：加工或装配过程中最后自然形成的那个尺寸。封闭

图 1-13　尺寸链

环长度部分用大写的拉丁字母 A、B、C 等表示，右下角标"0"，即 A_0、B_0、C_0 等。图1-13 所示的零件中的尺寸 A_0。一个尺寸链只有一个封闭环。

②组成环：除封闭环以外的其他环都是组成环。组成环长度部分用大写的拉丁字母 A、B、C、…表示，右下角标"1、2、3、…"。

根据组成环对封闭环影响的不同，又分为增环和减环。

①增环：与封闭环同向变动的组成环称为增环，即当该组成环尺寸增大（或减小）而其他组成环不变时，封闭环尺寸也随之增大（或减小）。如上述的 A_2 即为增环。

②减环：与封闭环反向变动的组成环称为减环，即当该组成环尺寸增大（或减小）而其他组成环不变时，封闭环尺寸却随之减小（或增大）。如上述的 A_1 即为减环。

对于环数较多的尺寸链，应用定义来逐个判断增减环较费时且易出错。因此，为了能迅速判断增减环，可在绘制的尺寸链图上，用首尾相接的单向箭头顺序表示各环，其中，与封闭环箭头方向相同者为减环，与封闭环箭头方向相反者为增环。

（3）尺寸链计算的基本公式（完全互换法）

1）封闭环的基本尺寸 A_0：等于各增环基本尺寸 A_i 之和减去各减环基本尺寸 A_k 之和。

$$A_0 = \sum_{j=1}^{m} A_j - \sum_{k=m+1}^{n-1} A_k \tag{1-18}$$

式中　m——增环的环数；

　　　n——所指封闭环在内的总环数。

2）封闭环的上偏差 ES_0、下偏差 EI_0

$$ES_0 = \sum_{j=1}^{m} ES_j - \sum_{k=m+1}^{n-1} EI_k \tag{1-19}$$

$$EI_0 = \sum_{j=1}^{m} EI_j - \sum_{k=m+1}^{n-1} ES_k \tag{1-20}$$

式中　ES_j——增环的上偏差；

　　　EI_j——增环的下偏差；

　　　ES_k——减环的上偏差；

　　　EI_k——减环的下偏差。

3）封闭环的公差 T_0：等于所有组成环的公差 T_i 之和，即

$$T_0 = \sum_{i=1}^{n-1} T_i \tag{1-21}$$

6. 时间定额的确定

时间定额是指在一定生产条件下规定生产一件产品或完成一道工序所需消耗的时间。时间定额是安排生产作业计划，进行成本核算的重要依据，也是确定设备数量和人员编制，规划生产面积的依据。因此时间定额是工艺规程中的重要组成部分。

确定时间定额应根据本企业的生产技术条件，使大多数工人经过努力都能达到，部分先进工人可以超出，少数工人经过努力可以达到或接近的平均先进水平。合理的时间定额能调动工人的积极性，促进工人技术水平的提高，不断提高劳动生产率。随着企业生产技术条件的不断改善，时间定额应定期进行修订，以保持定额的平均先进水平。时间定额由以下几部分组成：

（1）基本时间 T_b　直接改变生产对象的尺寸、形状、相对位置以及表面状态等工艺过程所消耗的时间。对机加工而言，基本时间就是切去金属所消耗的时间，可按下式计算

$$T_b = \frac{L_j Z}{nfa_p} = \frac{L_j}{nf} \times \frac{Z}{a_p} \tag{1-22}$$

式中　T_b——基本时间（min）；

L_j——工作行程式的计算长度，包括加工表面的长度、刀具切出和切入长度（mm）；

Z——工序余量（mm）；

n——机床主轴转速（r/min）；

f——进给量（mm/r）；

a_p——背吃刀量（mm）；

Z/a_p——进给次数。

（2）辅助时间 T_a　为实现工艺过程所必须进行的各种辅助动作所消耗的时间。它包括装卸工件、开停机床、改变切削用量、测量工件尺寸、进退刀等动作所消耗的时间。

辅助时间的确定方法与零件的生产类型有关。在大批大量生产中，为使辅助时间规定得合理，须将辅助时间进行分解，然后通过实测或查表求得各分解动作的时间，再累积相加；对于成批生产则可根据以往的统计资料确定；在单件小批生产中，一般用基本时间的百分比来估算，往往占到80%左右或更多。通常情况下，生产的数量越少或基本时间越短，辅助时间就占得越多。

基本时间和辅助时间的总和称为操作时间。

（3）布置工作地时间 T_s　为使加工正常进行，工人管理工作场地（如换刀、修整刀具、润滑机床、清理切屑、收拾工具等）所消耗的时间。一般按操作时间的2%~7%进行估算。

（4）休息和生理需要时间 T_r　工人在工作班内为恢复体力和满足生理卫生需要所消耗的时间。一般按操作时间的2%进行估算。

以上四部分时间总和称为单件时间 T_p，即

$$T_p = T_b + T_a + T_s + T_r \tag{1-23}$$

（5）准备与终结时间 T_e　为生产一批产品或零部件、进行准备和结束工作所消耗的时间。它包括加工前熟悉工艺文件、领取毛坯、安装刀具和夹具、调整机床等准备工作以及加工结束后送交产品、拆下和归还工艺装备等的时间。

准终时间随批量大小而不同，批量越大，每一零件的准终时间越少。

单件工时定额 T_0 的计算时间为

$$T_0 = T_p + T_e/n \tag{1-24}$$

在大批大量生产中，由于 $T_e/n \approx 0$，故常忽略不计，此时有单件工时定额为

$$T_0 = T_p \tag{1-25}$$

 任务实施

编制如图1-1所示的转轴零件的机械加工工艺规程。

一、确定转轴的生产类型

由设计任务书可知转轴的年产量为1000件/年。结合生产实际，备品率 $a\%$ 和废品率

$b\%$ 分别取 4% 和 0.5%。代入（1-1）生产纲领公式可得

$$N = Qn(1 + a\%)(1 + b\%) \approx 1045 \text{ 件/年}$$

所以转轴的生产纲领约为 1045 余件。

根据图 1-1 所示的转轴零件尺寸及材料的密度，可以确定零件质量约为 8kg。查表 1-4，可确定其生产类型为成批生产。故初步确定工艺安排的基本原则为：加工过程划分阶段；工序适当集中；加工设备一般以通用设备、工装夹具、刀具和量具为主。这样生产准备工作及投资较少，投产快，生产率较高。

二、转轴的工艺分析

图 1-1 所示转轴主要用于支撑传动零件（如齿轮、带轮、凸轮等）、传递转矩，并保证安装在轴上的零件具有一定的回转精度。该零件的加工表面通常除了外圆柱面、端面、阶台外，还有键槽及中心孔等，公差等级为 IT6 ~ IT8，表面粗糙度为 $Ra0.4 \sim 3.2 \mu m$。

三、确定转轴的材料及其毛坯

1. 确定转轴的材料

如图 1-1 所示，转轴的材料为 45 钢。

2. 确定转轴的毛坯

该零件属于中、小传动轴，并且各外圆直径尺寸相差不大，故选择 $\phi70mm \times 265mm$ 的热轧圆钢棒料做毛坯。

四、选择定位基准

基准的选择是工艺规程设计中的重要工作之一。基面选择得正确、合理，可以保证加工质量，提高生产率。否则，就会使加工工艺过程出现问题，严重的还会造成零件大批报废，使生产无法进行。

该零件粗基准采用热轧圆钢的毛坯外圆。用自定心卡盘装夹零件的毛坯外圆，车端面、钻中心孔；然后以一夹一顶装夹粗车各外圆。该零件的精基准采用两中心孔，用两顶尖装夹保证轴类零件的同轴度。

五、拟订转轴的机械加工工艺路线

为了保证达到零件的几何形状、尺寸公差、几何公差及各项技术要求，必须制订合理的工艺路线。

制订工艺路线如下：

下料→调质→车端面→钻中心孔→粗车各外圆→半精车各外圆→铣削键槽→粗磨外圆→精磨外圆→终检。转轴加工工序见表 1-12。

表 1-12 转轴加工工艺

序号	名称	主 要 内 容	备注
10	下料		
20	调质		200 ~ 350HBW
30	车	车两端面取总长，钻两中心孔	自定心卡盘装夹

序号	名称	主 要 内 容	备注
40	粗车	粗车 $\phi68\text{mm}$、$\phi55\text{mm}$ 外圆，调头粗车 $\phi60\text{mm}$、$\phi55\text{mm}$、$\phi50\text{mm}$、$\phi42\text{mm}$ 外圆	一夹一顶装夹
50	半精车	半精车各外圆	两顶尖装夹
60	铣削	铣削键槽	V 形块
70	粗磨	粗磨 $\phi60\text{mm}$、$\phi55\text{mm}$、$\phi42\text{mm}$ 外圆	两顶尖装夹
80	精磨	精磨 $\phi60\text{mm}$、$\phi55\text{mm}$、$\phi42\text{mm}$ 外圆	两顶尖装夹
90	检验、入库		

六、选择加工设备及工艺装备

1. 选择各工序所用的机床

该零件的加工表面除了外圆柱面、端面、台阶外，还有键槽及中心孔等，公差等级为 IT6~IT8，表面粗糙度为 $Ra0.4 \sim 3.2\mu\text{m}$。该零件选用 CA6140 卧式车床、X5042（X53T）立式铣床、M1432B 万能外圆磨床等设备加工。

2. 选择各工序所用的工艺装备

根据轴的形状、批量及加工要求可以选择自定心卡盘、一夹一顶、两顶尖等通用夹具。

刀具的选择主要取决于工序所采用的加工方法、加工表面的尺寸、工件材料、所要求的加工精度和表面粗糙度、生产率及经济性等。因此，刀具可选常用的硬质合金 90°、75° 外圆车刀，45°端面车刀，$\phi2\text{mm}$ 中心钻，$\phi12\text{mm}$、$\phi6\text{mm}$ 键槽铣刀，砂轮等进行加工。

量具：游标卡尺、外径千分尺等。

七、工序尺寸及其偏差的确定

根据上述原始资料及加工工艺，分别确定各加工面的机械加工余量、工序尺寸如下。依据加工外圆表面时基准重合原则，计算其工序尺寸及偏差。各阶台外圆的工序尺寸及偏差计算如下：

1. $\phi68\text{mm}$ 外圆

因其尺寸是未注公差尺寸，可一次加工完成至尺寸，工序余量为 2mm，公差等级按 IT12~IT18 计算。$\phi68\text{mm}$ 外圆，表面粗糙度达 $Ra12.5\mu\text{m}$。

2. $\phi60\text{h6}$ 外圆

由表 1-10 可知，加工方法为粗车→半精车→粗磨→精磨。各工序公差等级：精磨 IT6，粗磨 IT7，半精车 IT9，粗车 IT11。各工序加工余量：精磨余量 0.1mm，粗磨余量 0.3mm，半精车余量 1.6mm，粗车余量 8mm，毛坯余量 10mm。按"入体原则"计算各工序尺寸及偏差见表 1-13。

表 1-13　$\phi60\text{h6}$ 外圆各工序的工序尺寸及其偏差

工序名称	双边工序余量/mm	工序的经济精度	工序尺寸/mm	工序尺寸及偏差（/mm）和表面粗糙度
精磨	0.1	h6	60	$\phi60_{-0.019}^{\ 0}$，$Ra0.8\mu\text{m}$
粗磨	0.3	h7	60 + 0.1 = 60.1	$\phi60.1_{-0.030}^{\ 0}$，$Ra1.6\mu\text{m}$
半精车	1.6	h9	60.1 + 0.3 = 60.4	$\phi60.4_{-0.074}^{\ 0}$，$Ra3.2\mu\text{m}$
粗车	8	h11	60.4 + 1.6 = 62	$\phi62_{-0.190}^{\ 0}$，$Ra12.5\mu\text{m}$
毛坯	10		62 + 8 = 70	$\phi70$

3. $\phi55k6$ 两外圆

同理，各工序尺寸及偏差见表1-14。

表1-14 $\phi55k6$ 外圆各工序的工序尺寸及其偏差

工序名称	双边工序余量/mm	工序的经济精度	工序尺寸/mm	工序尺寸及偏差（/mm）和表面粗糙度
精磨	0.1	k6	55	$\phi55^{+0.021}_{+0.006}$，$Ra0.4\mu m$
粗磨	0.3	h7	55 + 0.1 = 55.1	$\phi55.1^{0}_{-0.030}$，$Ra0.8\mu m$
半精车	1.6	h9	55.1 + 0.3 = 55.4	$\phi55.4^{0}_{-0.074}$，$Ra3.2\mu m$
粗车	13	h11	55.4 + 1.6 = 57	$\phi57^{0}_{-0.190}$，$Ra12.5\mu m$
毛坯	15		57 + 13 = 70	$\phi70$

4. $\phi50mm$ 外圆

$\phi50mm$ 外圆，工序余量为22mm，加工分粗车至 $\phi52mm$、半精车至 $\phi50mm$ 完成。公差等级按IT12～IT18计算，表面粗糙度值达 $Ra3.2\mu m$。

5. $\phi42h6$ 外圆

同理，各工序尺寸及偏差见表1-15。

表1-15 $\phi42h6$ 外圆各工序的工序尺寸及其偏差

工序名称	双边工序余量/mm	工序的经济精度	工序尺寸/mm	工序尺寸及偏差（/mm）和表面粗糙度
精磨	0.1	h6	42	$\phi42^{0}_{-0.016}$，$Ra0.8\mu m$
粗磨	0.3	h7	42 + 0.1 = 42.1	$\phi42.1^{0}_{-0.025}$，$Ra1.6\mu m$
半精车	1.6	h9	42.1 + 0.3 = 42.4	$\phi42.4^{0}_{-0.062}$，$Ra3.2\mu m$
粗车	26	h11	42.4 + 1.6 = 44	$\phi44^{0}_{-0.160}$，$Ra12.5\mu m$
毛坯	28		44 + 26 = 70	$\phi70$

6. 键槽

由于加工键槽时，定位基准与设计基准不重合。因此，需要利用工艺尺寸链原理来进行工序尺寸及其公差的计算。

加工18mm键槽时：根据加工顺序粗车—半精车—铣键槽—粗磨—精磨，列出尺寸链如图1-14所示。当有直径尺寸时，一般考虑用半径尺寸来列尺寸链。尺寸 $A_0 = 53^{0}_{-0.200}mm$ 是最后得到的尺寸，所以为封闭环。其余的 A_1、$A_2 = 30^{0}_{-0.0095}mm$ 及 $A_3 = 30.2^{0}_{-0.037}mm$ 为组成环，其中 A_1、A_2 箭头方向与 A_0 的相反，A_1、A_2 为增环，A_3 箭头方向与 A_0 的相同，A_3 为减环。利用尺寸链基本式（1-18）、式（1-19）、式（1-20）计算可得

A_1 基本尺寸计算 $A_0 = A_1 + A_2 - A_3$

$A_1 = A_0 + A_3 - A_2 = 53mm + 30.2mm - 30mm = 53.2mm$

A_1 上偏差计算 $ESA_0 = ESA_1 + ESA_2 - EIA_3$

$ESA_1 = ESA_0 + EIA_3 - ESA_2 = 0 + (-0.037)mm - 0 = -0.037mm$

A_1 下偏差计算 $EIA_0 = EIA_1 + EIA_2 - ESA_3$

$EIA_1 = EIA_0 + ESA_3 - EIA_2 = -0.200mm + 0 - (-0.0095)mm = -0.1905mm$

所以 $A_1 = 53.2^{-0.037}_{-0.1905}mm$。

因此，在铣 18mm 键槽的深度时应控制好尺寸 $A_1 = 53.2^{\,0}_{-0.105}$ mm。

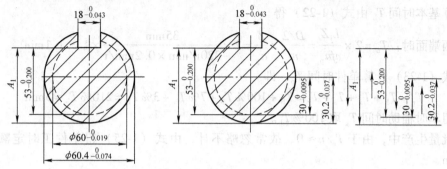

图 1-14　18mm 键槽及其加工的工艺尺寸链

同理加工 12mm 键槽时，根据加工顺序列出尺寸链如图 1-15 所示。尺寸 $A_0 = 37^{\,0}_{-0.200}$ mm 为封闭环。其余的 A_1、$A_2 = 21^{\,0}_{-0.008}$ mm 为增环，及 $A_3 = 21.2^{\,0}_{-0.031}$ mm 为减组成环。

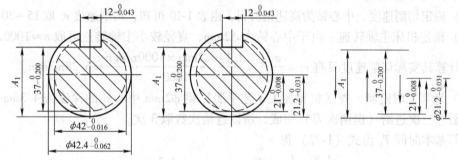

图 1-15　12mm 键槽及其加工的工艺尺寸链

$$A_1 = A_0 + A_3 - A_2 = 37\text{mm} + 21.2\text{mm} - 21\text{mm} = 37.2\text{mm}$$
$$ESA_1 = ESA_0 + EIA_3 - ESA_2 = 0 + (-0.031)\text{mm} - 0 = -0.031\text{mm}$$
$$EIA_1 = EIA_0 + ESA_3 - EIA_2 = -0.200\text{mm} + 0 - (-0.008)\text{mm} = -0.192\text{mm}$$

所以 $A_1 = 37.2^{\,-0.031}_{-0.192}$ mm。

因此，在铣 12mm 键槽的深度时应控制好尺寸 $A_1 = 37.2^{\,-0.031}_{-0.192}$ mm。

八、确定切削用量及工时定额

1. 车两端面

（1）确定端面背吃刀量 a_p　根据转轴毛坯图已知毛坯长度方向的加工余量为 7mm，则每端面的背吃刀量 a_p 为 3.5mm。

（2）确定进给量 f　根据加工零件端面的表面粗糙度要求，取 $f = 0.2$mm/r。

（3）确定切削速度 v_c　由表 1-10 可知，根据工件材料及刀具材料实际情况，切削速度 v_c 取 70m/min。

（4）确定机床主轴转速 n

主轴转速由关系式得 $n = \dfrac{1000v_c}{\pi d} = \dfrac{1000 \times 70\text{m/min}}{3.14 \times 70\text{mm}} \approx 318.5$r/min，根据 CA6140 型卧式车床主传动系统的转速分布图，选取 $n = 320$r/min。

（5）计算工时定额 T_0

计算基本时间 T_b 由式（1-22）得

车两端面时：$T_b = 2 \times \dfrac{L_j Z}{n f a_p} = \dfrac{D/2}{nf} \times \dfrac{Z}{a_p} = 2 \times \dfrac{35\text{mm}}{320\text{r/min} \times 0.2\text{mm/r}} \times 1 = 1.1\text{min}$

由式（1-23）计算单件时间 T_p，即

$$T_p = T_b + T_a + T_s + T_r = T_b + 100\% T_b + 7\% T_b + 3\% T_b = 210\% T_b \approx 3\text{min}$$

其中　粗车时辅助时间 T_a 取 $100\% T_b$。

在批量生产中，由于 $T_e/n \approx 0$，故常忽略不计，由式（1-25）得单件工时定额为 $T_0 = T_p = 3\text{min}$

2. 钻 $\phi 2\text{mm}$ 中心孔

（1）确定背吃刀量　背吃刀量由中心钻直径大小确定，$a_p = D/2$（mm）。

（2）确定进给量　钻中心孔时可手动进给，因中心钻尺寸小，易折断，所以进给量取小值，取 $f = 0.05\text{mm/r}$。

（3）确定切削速度　中心钻为高速钢材料，由表 1-10 可知，切削速度 v_c 取 $15 \sim 30\text{m/min}$。

（4）确定机床主轴转速　由于中心钻为 $\phi 2\text{mm}$，直径较小主轴转速可取 $n \approx 1000\text{r/min}$。

而计算其实际切削速度只有 $v_c = \dfrac{\pi d n}{1000} = \dfrac{3.14 \times 2\text{mm} \times 1000\text{r/min}}{1000} = 6.28\text{m/min}$。

（5）计算工时定额　查《机械加工工艺手册》得 $\phi 2\text{mm}$ 中心孔的深度为 4.3mm。钻中心孔时需经三次进给（退两次刀）完成，所以进给次数取 3 次。

计算基本时间 T_b 由式（1-22）得

钻两中心孔时：$T_b = 2 \times \dfrac{L_j Z}{n f a_p} = \dfrac{L_j}{nf} \times \dfrac{Z}{a_p} = 2 \times \dfrac{4.3\text{mm}}{1000\text{r/min} \times 0.05\text{mm/r}} \times 3 = 0.52\text{min}$

由式（1-23）计算单件时间 T_p，即

$$T_p = T_b + T_a + T_s + T_r = T_b + 100\% T_b + 7\% T_b + 3\% T_b = 210\% T_b \approx 2\text{min}$$

在批量生产中，由于 $T_e/n \approx 0$，故常忽略不计，由式（1-25）得单件工时定额为 $T_0 = T_p = 2\text{min}$

3. 粗车各外圆

（1）背吃刀量　背吃刀量由加工余量决定，粗车余量尽可能一次去除。

车 $\phi 68\text{mm}$ 外圆：$a_p = \dfrac{\text{加工余量}}{2} = \dfrac{2\text{mm}}{2} = 1\text{mm}$，一次进给车至尺寸。

车 $\phi 55\text{mm}$ 外圆：单边余量 $= \dfrac{d_w - d_m}{2} = \dfrac{68\text{mm} - 57\text{mm}}{2} = 5.5\text{mm}$。

a_p 取 3mm 和 2.5mm，分两次进给车至粗车尺寸要求。

调头车 $\phi 60\text{mm}$ 外圆：单边余量 $= \dfrac{d_w - d_m}{2} = \dfrac{70\text{mm} - 62\text{mm}}{2} = 4\text{mm}$

a_p 取 2mm，分两次进给车至粗车尺寸要求。

车 $\phi 55\text{mm}$ 外圆：单边余量 $= \dfrac{d_w - d_m}{2} = \dfrac{62\text{mm} - 57\text{mm}}{2} = 2.5\text{mm}$，$a_p$ 取 2.5mm，一次进给车至粗车尺寸要求。

车 $\phi 50$ mm 外圆：单边余量 $= \dfrac{d_{\mathrm{w}} - d_{\mathrm{m}}}{2} = \dfrac{57\text{mm} - 52\text{mm}}{2} = 2.5\text{mm}$，$a_{\mathrm{p}}$ 取 2.5mm，一次进给车至粗车尺寸要求。

车 $\phi 42$ mm 外圆：单边余量 $= \dfrac{d_{\mathrm{w}} - d_{\mathrm{m}}}{2} = \dfrac{52\text{mm} - 44\text{mm}}{2} = 4\text{mm}$，$a_{\mathrm{p}}$ 取 2mm，分两次进给车至粗车尺寸要求。

（2）进给量 粗车时选用 $f = 0.3\text{mm/r}$。

（3）切削速度 由表 1-10 可知，切削速度 v_{c} 取 70m/min。

（4）主轴转速 主轴转速由关系式得 $n = \dfrac{1000 v_{\mathrm{c}}}{\pi d} = \dfrac{1000 \times 70\text{m/min}}{3.14 \times 70\text{mm}} \approx 318.5\text{r/min}$，根据 CA6140 型卧式车床主传动系统的转速分布图选取 $n = 320\text{r/min}$。车削外圆 $\phi 68$mm 时，待加工表面直径 $d = \phi 70$mm。以此类推，实际选取的转速 n 及所对应的待加工表面直径 d 带入公式 $v_{\mathrm{c}} = \pi dn/1000$ 分别计算切削各外圆的实际切削速度。

车 $\phi 68$mm 外圆：$v_{\phi 70} = 70.34\text{m/min}$

车 $\phi 55$mm 外圆：$v_{\phi 68} = 68.33\text{m/min}$

调头车削

$\phi 60$mm 外圆：$v_{\phi 70} = 70.34\text{m/min}$

$\phi 55$mm 外圆：$v_{\phi 60} = 60.23\text{m/min}$

$\phi 50$mm 外圆：$v_{\phi 55} = 55.26\text{m/min}$

$\phi 42$mm 外圆：$v_{\phi 55} = 50.24\text{m/min}$

（5）计算工时定额

计算基本时间 T_{b} 由式（1-22）得

车 $\phi 68$mm 外圆时：$T_{\mathrm{b}} = \dfrac{L_{\mathrm{j}} Z}{n f a_{\mathrm{p}}} = \dfrac{L_{\mathrm{j}}}{n f} \times \dfrac{Z}{a_{\mathrm{p}}} = \dfrac{33\text{mm}}{320 \times 0.3} \times 1 = 0.34\text{min}$

车 $\phi 55$mm 外圆时：$T_{\mathrm{b}} = \dfrac{L_{\mathrm{j}} Z}{n f a_{\mathrm{p}}} = \dfrac{L_{\mathrm{j}}}{n f} \times \dfrac{Z}{a_{\mathrm{p}}} = \dfrac{22\text{mm}}{320\text{r/min} \times 0.3\text{mm/r}} \times 2 = 0.46\text{min}$

同理，调头车 $\phi 60$mm、$\phi 55$mm、$\phi 50$mm、$\phi 42$mm 时的基本时间（T_{b}）分别为

车 $\phi 60$mm 外圆时：$T_{\mathrm{b}} = \dfrac{L_{\mathrm{j}} Z}{n f a_{\mathrm{p}}} = \dfrac{L_{\mathrm{j}}}{n f} \times \dfrac{Z}{a_{\mathrm{p}}} = \dfrac{230\text{mm}}{320\text{r/min} \times 0.3\text{mm/r}} \times 2 = 4.79\text{min}$

车 $\phi 55$mm 外圆时：$T_{\mathrm{b}} = \dfrac{L_{\mathrm{j}} Z}{n f a_{\mathrm{p}}} = \dfrac{L_{\mathrm{j}}}{n f} \times \dfrac{Z}{a_{\mathrm{p}}} = \dfrac{158\text{mm}}{320\text{r/min} \times 0.3\text{mm/r}} \times 1 = 1.65\text{min}$

车 $\phi 50$mm 外圆时：$T_{\mathrm{b}} = \dfrac{L_{\mathrm{j}} Z}{n f a_{\mathrm{p}}} = \dfrac{L_{\mathrm{j}}}{n f} \times \dfrac{Z}{a_{\mathrm{p}}} = \dfrac{122\text{mm}}{320\text{r/min} \times 0.3\text{mm/r}} \times 1 = 1.27\text{min}$

车 $\phi 42$mm 外圆时：$T_{\mathrm{b}} = \dfrac{L_{\mathrm{j}} Z}{n f a_{\mathrm{p}}} = \dfrac{L_{\mathrm{j}}}{n f} \times \dfrac{Z}{a_{\mathrm{p}}} = \dfrac{68\text{mm}}{320\text{r/min} \times 0.3\text{mm/r}} \times 2 = 1.42\text{min}$

注：车外圆时长度 L_{j} 应考虑进刀空程距离 2~3mm。

粗车时总的基本时间 $T_{\mathrm{b}} = 0.34\text{min} + 0.69\text{min} + 4.79\text{min} + 1.65\text{min} + 1.27\text{min} + 1.42\text{min}$

= 10. 16min

由式（1-23）计算单件时间 T_p，即

$$T_p = T_b + T_a + T_s + T_r = T_b + 100\% T_b + 7\% T_b + 3\% T_b = 210\% T_b \approx 22min$$

在大批大量生产中，由于 $T_e/n \approx 0$，故常忽略不计，由式（1-25）得单件工时定额为

$$T_0 = T_p = 22min$$

4. 半精车各外圆

（1）背吃刀量　a_p 由余量决定，因为半精车余量为 1.6mm，所以 $a_p = 1.6mm/2 = 0.8mm$。其中 $\phi 50mm$ 外圆车至尺寸，所以 $a_p = 2mm/2 = 1mm$。

（2）进给量　半精车时选用 $f = 0.2mm/r$。

（3）切削速度　由表 1-10 可知，切削速度 v_c 取 90m/min。

（4）确定主轴转速　由于粗车后，需要进一步车削的轴的最大直径为 $\phi 62mm$，因此将 $d = \phi 62mm$ 带入关系式计算主轴转速得

$$n = \frac{1000 v_c}{\pi d} = \frac{1000 \times 90m/min}{3.14 \times 62mm} \approx 462r/min$$

根据 CA6140 型卧式车床主传动系统的转速分布图，就近选取 $n = 450r/min$。将实际选取的转速 n 及所对应的待加工表面直径 d 带入公式 $v_c = \pi dn/1000$ 分别计算切削各外圆的实际切削速度。

车 $\phi 55mm$ 外圆：$v_{\phi 57} = 80.54m/min$

调头车削

$\phi 60mm$ 外圆：$v_{\phi 62} = 87.61m/min$

$\phi 55mm$ 外圆：$v_{\phi 57} = 80.54m/min$

$\phi 50mm$ 外圆：$v_{\phi 52} = 73.48m/min$

$\phi 42mm$ 外圆：$v_{\phi 44} = 62.17m/min$

（5）计算工时定额

同理，由式（1-22）可计算出各外圆半精车的基本时间 T_b

车 $\phi 55mm$ 外圆时：$T_b = \dfrac{L_j Z}{nfa_p} = \dfrac{L_j}{nf} \times \dfrac{Z}{a_p} = \dfrac{22mm}{400r/min \times 0.2mm/r} \times 1 = 0.275min$

同理，调头车外圆 $\phi 60mm$、$\phi 55mm$、$\phi 50mm$、$\phi 42mm$ 时的基本时间 T_b 为

$$T_b = \frac{L_j Z}{nfa_p} = \frac{L_j}{nf} \times \frac{Z}{a_p} = \frac{(72 + 39 + 56 + 67)\ mm}{400r/min \times 0.2mm/r} \times 1 = 2.925min$$

其中，L_j 为车各段外圆的长度总和（mm）。

所以半精车时总的基本时间 $T_b = 0.275min + 2.925min = 3.20min$

由式（1-23）计算单件时间 T_p，即

$$T_p = T_b + T_a + T_s + T_r = T_b + 150\% T_b + 7\% T_b + 3\% T_b = 210\% T_b \approx 7min$$

其中，半精车时辅助时间 T_a 取 $100\% T_b$。

由式（1-25）得单件工时定额为

$$T_0 = T_p = 7min$$

5. 铣削两键槽

（1）背吃刀量　背吃刀量等于键槽铣刀直径的一半。铣削 18mm 键槽时，由于键槽较

宽，所以分两次铣削，第一次用 $\phi12mm$ 键槽铣刀铣削至键槽深度 $h = 60.4mm - 53.2mm = 7.2mm$，$a_p = 12mm/2 = 6mm$。第二次用 $\phi18mm$ 键槽铣刀铣至尺寸，$a_p = (18 - 12)mm/2 = 3mm$。铣削 12mm 键槽时，一次用 $\phi12mm$ 键槽铣刀铣削至尺寸，键槽深度 $h = 42.4mm - 37.2mm = 5.2mm$，$a_p = 12mm/2 = 6mm$。

（2）进给量　铣键槽时选用 $f = 0.1 \sim 0.15mm/r$。

（3）确定切削速度　键槽铣刀为高速钢材料，由表 1-10 可知，切削速度 v_c 取 $15 \sim 30m/min$。

（4）确定机床主轴转速　由公式 $n = \dfrac{1000v_c}{\pi d}$ 计算得，$\phi18mm$ 铣刀的主轴转速可取 $n \approx 350r/min$。$\phi12mm$ 铣刀的主轴转速可取 $n \approx 550r/min$。

（5）计算工时定额　同理，式（1-22）可计算出各键槽铣削的基本时间 T_b。

铣削 18mm 键槽深

用 $\phi12mm$ 键槽铣刀铣削时：$T_b = \dfrac{L_j Z}{nfa_p} = \dfrac{L_j}{nf} \times \dfrac{Z}{a_p} = \dfrac{7.2mm}{550r/min \times 0.1mm/r} \times 1 = 0.13min$

用 $\phi18mm$ 键槽铣刀铣削时：$T_b = \dfrac{L_j Z}{nfa_p} = \dfrac{L_j}{nf} \times \dfrac{Z}{a_p} = \dfrac{7.2mm}{350r/min \times 0.1mm/r} \times 1 = 0.21min$

铣削 18mm 键槽长

用 $\phi12mm$ 键槽铣刀铣削时：$T_b = \dfrac{L_j Z}{nfa_p} = \dfrac{L_j}{nf} \times \dfrac{Z}{a_p} = \dfrac{(60 - 18)mm}{550r/min \times 0.1mm/r} \times 1 = 0.76min$

用 $\phi18mm$ 键槽铣刀铣削时：$T_b = \dfrac{L_j Z}{nfa_p} = \dfrac{L_j}{nf} \times \dfrac{Z}{a_p} = \dfrac{(60 - 18)mm}{350r/min \times 0.1mm/r} \times 1 = 1.2min$

铣削 12mm 键槽长时：$T_b = \dfrac{L_j Z}{nfa_p} = \dfrac{L_j}{nf} \times \dfrac{Z}{a_p} = \dfrac{60mm}{550r/min \times 0.1mm/r} \times 1 = 1.09min$

所以铣削键槽时总的基本时间 $T_b = 0.13min + 0.21min + 0.76min + 1.2min + 1.09min = 3.39min$

由式（1-23）计算单件时间 T_p，即

$$T_p = T_b + T_a + T_s + T_r = T_b + 100\% T_b + 7\% T_b + 3\% T_b = 210\% T_b \approx 7min$$

其中，铣削时辅助时间 T_a 取 $100\% T_b$。

由式（1-25）得单件工时定额为

$$T_0 = T_p = 7min$$

6. 粗、精磨削各外圆

（1）砂轮圆周速度 v_s（又称磨削速度）　M1432B 万能外圆磨床的磨削速度为 35m/s。

（2）工件圆周速度 v_w（又称圆周进给）　一般取 $5 \sim 30m/min$。

在实际生产中，工件直径是已知的，加工时通常需要确定工件的转速，小直径的工件磨削时转速高些，大直径的工件磨削时转速应低些。以 M1432B 万能外圆磨床为例，工件的转速可按表 1-11 来选择。

磨削 $\phi42mm$ 外圆时 $n_{\text{工件}}$ 为 160r/min，实际切削速度 $v_{\phi42} = 21.1m/min$。

磨削 $\phi60mm$、$\phi55mm$ 外圆时 $n_{\text{工件}}$ 为 112r/min，实际切削速度 $v_{\phi60} = 21.1m/min$，$v_{\phi55} =$

19.34m/min。

（3）纵向进给量 f

粗磨时：f 取 $0.3B$（mm/r），B 为砂轮宽度，当 $B=20$mm 时，$f=6$mm/r

精磨时：f 取 $0.15B$（mm/r），当 $B=20$mm 时，$f=3$mm/r

（4）横向进给量 a_p（又称磨削深度）

粗磨时：单边余量 $=\dfrac{0.3}{2}$mm $=0.15$mm，a_p 取 0.02mm，分 8 次进给粗磨完成。

精磨时：单边余量 $=\dfrac{0.1}{2}$mm $=0.05$mm，a_p 取 0.01mm，分 5 次进给精磨完成。

（5）计算工时定额　计算基本时间 T_b 由式（1-22）得

粗磨削 $\phi55$mm 外圆时：因工件长度等于砂轮宽度，可采用横向磨削法直接磨出，手动进给，$T_b \approx 0.5$min。

调头粗磨 $\phi60$mm、$\phi55$mm、$\phi42$mm 时的基本时间 T_b 为

$$T_b = \frac{L_j Z}{nfa_p} = \frac{L_j}{nf} \times \frac{Z}{a_p} = \frac{(72+39+67)\ \text{mm}}{112\text{r/min} \times 6\text{mm/r}} \times 8 = 2.12\text{min}$$

所以粗磨时总的基本时间 $T_b = 0.5$min $+2.12$min $=2.62$min

由式（1-23）计算单件时间 T_p，即

$$T_p = T_b + T_a + T_s + T_r = T_b + 150\% T_b + 7\% T_b + 3\% T_b = 260\% T_b \approx 7\text{min}$$

其中，粗磨时辅助时间 T_a 取 $150\% T_b$。

由式（1-25）得单件工时定额为

$$T_0 = T_p = 7\text{min}$$

同理，精磨各外圆时的基本时间为

精磨削 $\phi55$mm 外圆时：采用横向磨削法直接磨出，手动进给，$T_b \approx 0.7$min。

调头精磨 $\phi60$mm、$\phi55$mm、$\phi42$mm 时的基本时间 T_b 为

$$T_b = \frac{L_j Z}{nfa_p} = \frac{L_j}{nf} \times \frac{Z}{a_p} = \frac{(72+39+67)\ \text{mm}}{112\text{r/min} \times 3\text{mm/r}} \times 5 = 2.65\text{min}$$

所以精磨时总的基本时间 $T_b = 0.7$min $+2.65$min $=3.35$min

由式（1-23）计算单件时间 T_p，即

$$T_p = T_b + T_a + T_s + T_r = T_b + 200\% T_b + 7\% T_b + 3\% T_b = 310\% T_b \approx 11\text{min}$$

其中，精磨时辅助时间 T_a 取 $200\% T_b$。

由式（1-25）得单件工时定额为

$$T_0 = T_p = 11\text{min}$$

最后，将以上各工序切削用量、工时定额的计算结果加以整理，就可以得到转轴零件的机械加工工艺规程。

九、编制转轴的机械加工工艺卡及其工序卡

1. 转轴的机械加工工艺过程卡（见表 1-16）

2. 转轴的机械加工工序卡（见表 1-17）

表1-16　转轴的机械加工工艺过程卡

（单位名称）		加工工艺卡	产品名称	减速器	图号				第　页
			零件名称	转轴	数量				共　页
材料种类	材料成分	45	毛坯尺寸	$\phi70mm \times 265mm$					
工序号	工作内容		车间	设备	夹具	量具	刀具	计划工时	实际工时
10	锯削准备 $\phi70mm \times 265mm$ 的热轧圆钢棒料做毛坯			锯床					
20	调质（200～350）HBW			箱式炉					
30	车两端面，钻两端端中心孔			CA6140	自定心卡盘	游标卡尺	硬质合金车刀、$\phi2mm$中心钻	5min	
40	粗车各外圆			CA6140	一夹一顶	游标卡尺、外径千分尺	硬质合金车刀	22min	
50	半精车各外圆			CA6140	两顶尖	游标卡尺、外径千分尺	硬质合金车刀	7min	
60	铣削两键槽			X5042	V形块、压板	游标卡尺	$\phi18mm$，$\phi12mm$键槽铣刀	7min	
70	粗磨各外圆			M1432B	两顶尖	外径千分尺	砂轮	7min	
80	精磨各外圆			M1432B	两顶尖	外径千分尺	砂轮	11min	
90	检验，入库								
更改号			拟订		校正		审核		批准
更改者									
日期									

表 1-17 转轴的机械加工工序卡

工序卡片	产品型号		零件图号		共 7 页 第 1 页	
	产品名称	减速器	零件名称	转轴	材料牌号	45
	车间		工序号	10	工序名称	车削锯削	每台件数	
	毛坯种类	热轧圆钢棒料	毛坯外形	φ70mm×3000mm	每毛坯可制件数	11	同时加工件数	1
	设备名称	锯床	设备型号		设备编号		切削液	
	夹具编号		夹具名称					
	工位器具编号		工位器具名称			工序工时/min	准终 单件
工步号	工步内容		工艺装备	主轴转速/(r/min)	切削速度/(m/min)	进给量/(mm/r)	背吃刀量/mm	进给次数	工步工时 机动 辅助
			设计（日期）	校对（日期）	审核（日期）	标准化（日期）	会签（日期）

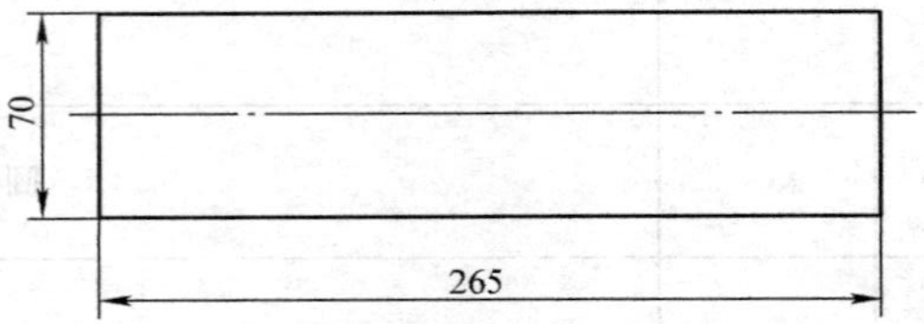

265

70

（续）

工序卡片	产品型号		减速器	零件图号		转轴	共 7 页 第 2 页	
	产品名称			零件名称				

	车间	工序号	工序名称	材料牌号	45
		30	车削		

毛坯种类	毛坯外形	每毛坯可制件数	同时加工件数
热轧圆钢棒料	φ70mm×265mm	1	1

设备名称	设备型号	设备编号	切削液
车床	CA6140		

夹具编号	夹具名称			工序工时/min	
	自定心卡盘			准终	单件
					5

工位器具编号	工位器具名称	

工步号	工步内容	工艺装备	主轴转速 /(r/min)	切削速度 /(m/min)	进给量 /(mm/r)	背吃刀量 /mm	进给次数	工步工时/min	
								机动	辅助
1	车两端面，取总长 258mm		320	70	0.2		各 1	1.1	0.52
2	钻中心孔 B2（两处）		1000	6.28	0.05		各 3		

	设计 （日期）	校对 （日期）	审核 （日期）	标准化 （日期）	会签 （日期）

258

B2/6.3
B2/6.3
A
B

	产品型号		工序卡片		（续） 共7页 第3页
	产品名称				材料牌号 45

零件图号		工序号 40	每毛坯可制件数 1	每台件数
零件名称 转轴	工序名称 粗车各外圆			同时加工件数 1

毛坯种类 热轧圆钢棒料　　毛坯外形 φ70mm×265mm

车间 减速器　　设备名称 车床　　设备型号 CA6140　　设备编号　　夹具名称 自定心卡盘、顶尖

夹具编号　　工位器具名称　　工位器具编号　　切削液

工序工时/min　准终　　单件 22

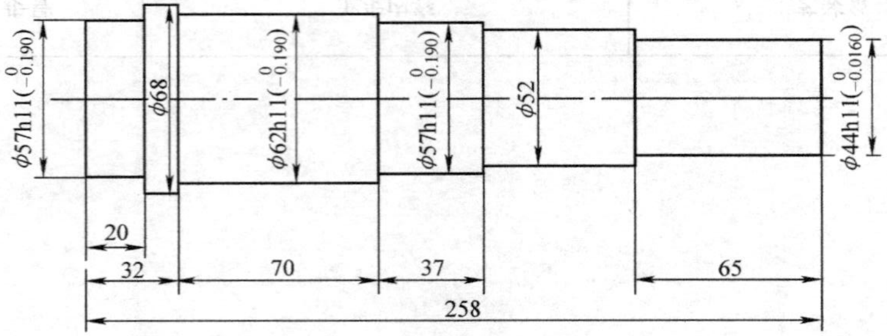

工步卡片

图中尺寸：$\phi44h11(^{0}_{-0.0160})$　65　$\phi52$　37　258　$\phi62h11(^{0}_{-0.190})$　70　$\phi68$　20　32　$\phi57h11(^{0}_{-0.190})$

工步号	工步内容	工艺装备	主轴转速 /(r/min)	切削速度 /(m/min)	进给量 /(mm/r)	背吃刀量 /mm	进给次数	工步工时/min 机动	辅助
	装夹工件	一夹一顶							
1	车φ68mm外圆至尺寸,长度55mm		320	70.34	0.3	1	1	0.34	
2	车φ55mm外圆至φ57mm,长度20mm		320	68.33	0.3	3	2	0.46	
	调头装夹工件	一夹一顶							
3	车φ60mm外圆至φ62mm,长度225mm		320	70.34	0.3	2	2	4.79	
4	车φ55mm外圆至φ57mm,长度155mm		320	60.23	0.3	3	1	1.65	
5	车φ50mm外圆至φ52mm,长度118mm		320	55.26	0.3	2.5	1	1.27	
6	车φ42mm外圆至φ44mm,长度64mm		320	50.24	0.3	2	2	1.42	
		设计（日期）	校对（日期）	审核（日期）	标准化（日期）	会签（日期）			

（续）

工序卡片

产品型号		零件图号			共7页　第4页
产品名称		零件名称	转轴	材料牌号	45

图样：

φ42.4h9($_{-0.062}^{0}$)　φ50　φ55.4h9($_{-0.074}^{0}$)　φ60.4h9($_{-0.074}^{0}$)　φ68　φ55.4h9($_{-0.074}^{0}$)

长度尺寸：65　258　37　70　20　32

Ra 3.2　B2/6.3　B2/6.3

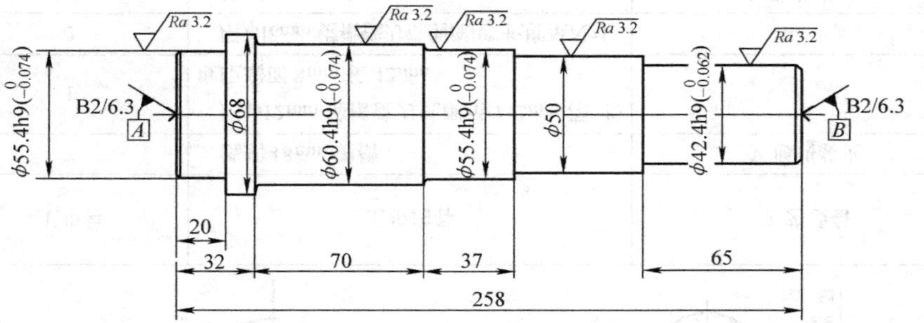

技术要求
1. 全部圆角R1.5。
2. 全部倒角C1.5。
3. 未注尺寸公差按IT12。

减速器	车间	工序号 50	工序名称 半精车各外圆	每台件数
毛坯种类 热轧圆钢棒料	毛坯外形 φ70mm×265mm	每毛坯可制件数 1	同时加工件数 1	
设备名称 车床	设备型号 CA6140	设备编号	切削液	
夹具编号	夹具名称 自定心卡盘、顶尖	工位器具编号	工位器具名称	工序工时/min 准终　单件 7

工步号	工步内容	工艺装备	主轴转速 /(r/min)	切削速度 /(m/min)	进给量 /(mm/r)	背吃刀量 /mm	进给次数	工步工时/min 机动	辅助
1	装夹工件	两顶尖							
2	车φ55mm外圆至φ55.4mm,并倒角C1.5	两顶尖	400	80.54	0.2	0.8	1	0.275	
	调头装夹								
3	车φ60mm外圆至φ60.4mm,保证长度32mm		400	87.61	0.2	0.8	1		
4	车φ55mm外圆至φ55.4mm,保证长度70mm		400	80.54	0.2	0.8	1		
	φ50mm外圆至尺寸,保证长度37mm		400	73.48	0.2	1	1	2.925	
5	φ42mm外圆至φ42.4mm,长度65mm,并倒角C1.5		400	62.17	0.2	0.8	1		

设计（日期）	校对（日期）	审核（日期）	标准化（日期）	会签（日期）

	产品型号		零件图号		工序卡片		共 7 页	第 5 页（续）
	产品名称	减速器	零件名称	转轴			材料牌号	45

车间	工序号	工序名称	材料牌号
	60	铣削两键槽	45

毛坯种类	毛坯外形	每毛坯可制件数	每台件数
热轧圆钢棒料	φ70mm×265mm	1	

设备名称	设备型号	设备编号	同时加工件数
立式铣床	X5042		1

夹具名称	夹具编号	工位器具名称	工位器具编号	切削液
V形块、压板				

工序工时/min	准终	单件 7

工步号	工步内容	工艺装备	主轴转速 /(r/min)	切削速度 /(m/min)	进给量 /(mm/r)	背吃刀量 /mm	进给次数	工步工时/min	
								机动	辅助
1	铣削18mm键槽 用φ12mm键槽铣刀铣削至7.2mm深，长度距端面8mm长42mm	V形块装夹	550	20	0.1	6	1	0.89	
2	用φ18mm键槽铣刀铣削深度，长度至尺寸	V形块装夹	355	20	0.1	3	1	1.41	
3	铣削12mm键槽 用φ12mm键槽铣刀铣削深至5.2mm，长度至尺寸	V形块装夹	550	20	0.1	6	1	1.09	

设计（日期）	校对（日期）	审核（日期）	标准化（日期）	会签（日期）

工序卡片

（续）

产品型号		零件图号		共 7 页 第 6 页	
产品名称		零件名称	转轴	材料牌号	45

减速器	车间	工序号	70	工序名称	精磨各外圆	每台件数		每毛坯可制件数	1	同时加工件数	1	切削液	
毛坯种类	热轧圆钢棒料	毛坯外形	φ70mm×265mm	设备名称	磨床	设备型号	M1432B	设备编号		夹具名称	两顶尖		
						工位器具名称		工位器具编号		工序工时/min 准终		单件	7

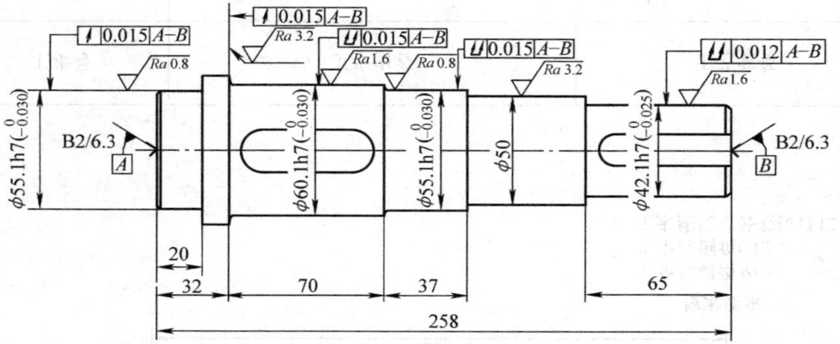

技术要求
1. 全部圆角R1.5。
2. 全部倒角C1.5。
3. 未注尺寸公差按IT12。

工步号	工步内容	工艺装备	主轴转速/(r/min)	切削速度/(m/min)	进给量/(mm/r)	背吃刀量/mm	进给次数	工步工时/min 机动	辅助
1	粗磨削 φ55mm 外圆至 φ55.1mm	两顶尖	112	35	6	20	1	0.5	
	调头装夹	两顶尖							
2	粗磨 φ60mm、φ55mm、φ42mm 各外圆，留 0.1mm 精磨余量		112	35	6	0.02	8	2.12	
		设计（日期）	校对（日期）	审核（日期）	标准化（日期）		会签（日期）		

工序卡片

（续）

产品型号		零件图号			共 7 页	第 7 页
产品名称		零件名称	转轴		材料牌号	45

技术要求
1. 全部圆角R1.5。
2. 全部倒角C1.5。
3. 未注尺寸公差按IT12。

零件图尺寸标注：Φ42h6($^{0}_{-0.016}$)、Φ55k6($^{+0.021}_{+0.006}$)、Φ50、65、258、37、70、32、20、Φ60h6($^{0}_{-0.019}$)、Φ89、Φ55k6($^{+0.021}_{+0.006}$)
形位公差：$\perp$0.012 A—B、$\perp$0.015 A—B、$\perp$0.015 A—B、$\perp$0.015 A—B、$\perp$0.015 A—B
表面粗糙度：Ra 0.8、Ra 3.2、Ra 0.4、B2/6.3

减速器	工序号	80	工序名称	精磨各外圆		
车间						
毛坯种类	热轧圆钢棒料	毛坯外形	Φ70mm×265mm	每毛坯可制件数	每台件数	
					同时加工件数	1
设备名称	磨床	设备型号	M1432B	设备编号	切削液	
夹具编号		夹具名称	两顶尖		工序工时/min	
工位器具编号		工位器具名称			准终	单件 11

工步号	工步内容	工艺装备	主轴转速/(r/min)	切削速度/(m/min)	进给量/(mm/r)	背吃刀量/mm	进给次数	工步工时/min 机动	工步工时/min 辅助
1	精磨制φ55mm外圆至尺寸	两顶尖	112	35	3	20	1	0.8	0.7
2	调头精磨φ60mm，φ55mm，φ42mm各外圆至尺寸	两顶尖	112	35	3	0.01	5		2.65

设计（日期）	校对（日期）	审核（日期）	标准化（日期）	会签（日期）

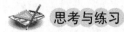思考与练习

1. 轴是如何分类的?

2. 什么是加工余量? 确定加工余量的方法有哪些?

3. 什么是尺寸链? 尺寸链有什么特征?

4. 什么是封闭环、组成环? 什么是增环、减环? 增环、减环如何判断?

5. 某轴类零件, 已知其中有一外圆直径的设计尺寸为 $\phi45_{-0.016}^{0}$ mm, 且其加工过程及各工序余量和工序的经济精度, 试确定各工序尺寸及其公差, 并将结果填入表 1-18 中。

6. 图 1-16 所示工件中 A_1、A_2、A_3 的尺寸为设计要求尺寸, 其中 A_3 不便直接控制和测量, 只好通过测量尺寸 L 来间接保证。试求工序尺寸 L 及其偏差。

表 1-18　轴各工序的工序尺寸及其公差的确定

工序名称	双边工序余量/mm	工序的经济精度	工序尺寸	工序尺寸及其公差
磨外圆	0.2	IT6 (0.016mm)		
精车外圆	0.8	IT7 (0.025mm)		
半精车外圆	1.5	IT9 (0.062mm)		
粗车外圆	3.5	IT10 (0.100mm)		
毛坯孔				

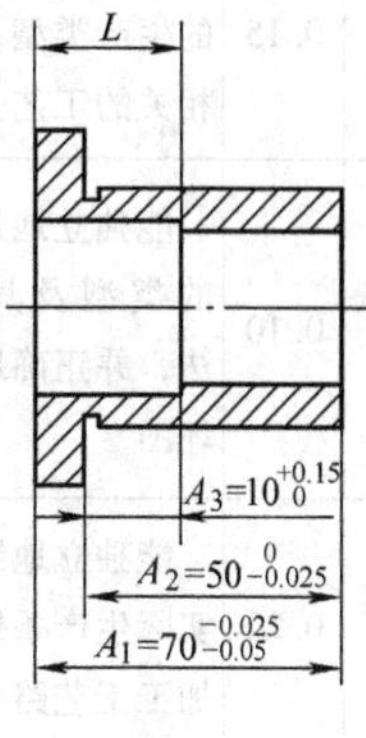

图　1-16

7. 编制图 1-17 所示零件的机械加工工艺规程(包括机械加工工艺过程卡及工序卡), 其中零件数量为 5000 件。

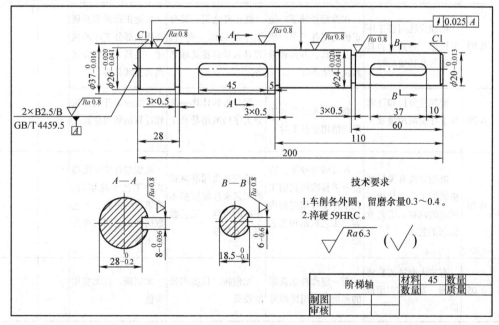

图　1-17

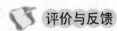 评价与反馈

通过完成练习7任务后，进行自评、互评、教师评及综合评价（见表1-19）。

表1-19　阶梯轴零件机械加工工艺设计评分表

项目	权重	优秀（90~100）	良好（80~90）	及格（60~80）	不及格（<60）	评分	备注
查阅收集	0.05	能根据课题任务，独立地查阅和收集资料，做好设计的准备工作	能查阅和收集教师指定的资料，做好设计的准备工作	能查阅和收集教师指定的大部分资料，基本做好设计的准备工作	未完成查阅和收集教师指定的资料，未做好设计的准备工作		
工艺分析	0.15	能独立地确定零件的生产类型，并开展相关的工艺分析	能确定零件的生产类型，并开展一定的工艺分析	能确定零件的生产类型，但相关的工艺分析做得一般	未能确定零件的生产类型，且工艺分析做得较差或未进行		
毛坯	0.10	能独立地选择毛坯的类型及其制造方法，并正确地绘制毛坯图	能选择毛坯的类型及其制造方法，并绘制毛坯图，但尺寸精度上略有瑕疵	能选择毛坯类型及其制造方法，并绘制毛坯图，但尺寸上有一定问题	未能选择毛坯的类型及其制造方法，或未绘制毛坯图		
工艺路线	0.20	能独立地制订符合实际生产条件的零件加工工艺路线	在教师的指导下，能制订零件加工工艺路线	能制订零件加工工艺路线，但实用性较差	未能制订零件加工工艺路线，或制订了但毫无实用性		
工序设计	0.10	能独立正确地分析和计算各工序的工序尺寸及其公差	在教师的指导下，能分析和计算各工序的工序尺寸及公差	能分析和计算一部分工序的工序尺寸及公差	未能或未开展分析和计算工序的工序尺寸及其公差		
	0.05	能独立选用各工序的机床、夹具、刀具和量具及其辅具等	在教师指导下，能正确选用各工序的机床、夹具、刀具和量具及其辅具等	能正确选用一部分工序的机床、夹具、刀具和量具及其辅具等	未能正确选用或未开展选用大部分工序的机床、夹具、刀具和量具及其辅具等		
	0.20	能独立分析和计算各工序切削用量及工时	能分析和计算各工序切削用量及工时	能分析和计算一部分工序切削用量及工时	未能或未开展分析和计算切削用量及工时		
工艺卡及工序卡	0.10	能独立按有关标准格式的工艺卡片填写相应的内容、工艺数据和工艺图	在教师指导下，能按有关标准格式的工艺卡片填写相应的内容、工艺数据和工艺图	能按有关标准格式的工艺卡片填写基本正确的内容、工艺数据和工艺图	未能按有关标准格式的工艺卡片填写，或填写的内容、工艺数据和工艺图大部分不正确		
创新	0.05	有重大改进或独特见解，有一定实用价值	有一定改进或新颖的见解，实用性尚可	无创新，且实用价值较低	无创新，且无实用价值		

任务 2　叉架类零件机械加工工艺规程编制

2

学习目标

1. 能够对连杆进行工艺分析。
2. 能够根据连杆图样及工艺要求制订工艺路线。
3. 能够规范编写连杆零件的工艺规程。

📖 **任务描述**

　　某企业接到一批如图 2-1 所示的连杆的生产订单，数量为 1200 件，要求在一年内完成该零件的加工任务。生产部门接到任务后，组织技术人员编制该零件的机械加工工艺规程，编写机械加工工艺过程卡及工序卡，以指导工人进行生产，保证按质按量完成该任务。

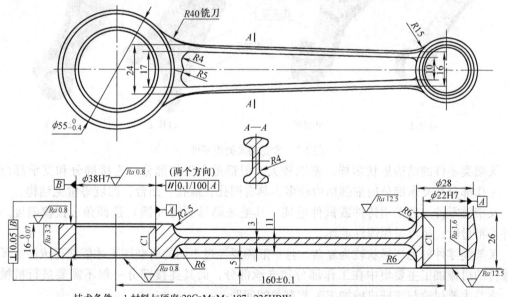

技术条件　1. 材料与硬度:20CrMnMo,197~225HBW。
　　　　　2. 热处理:φ38H7 及其端面渗碳,深0.9~1.4(成品),淬火58~65HRC,其余表面不渗碳。
　　　　　3. 连杆大头轴线对工字型杆身的偏移不大于0.75。
　　　　　4. 毛坯为模锻件,抽模角为7°,锻出的毛坯,大小头厚度相等。

图 2-1　连杆

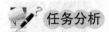任务分析

连杆主要用于四杆机构或其衍生的机构中，一般承受的是高频交变载荷，因此要求连杆具有较高的强度，其所采用的材料一般为优质碳素结构钢或合金结构钢。当连杆两端中心距较大时，连杆的连接部分一般采用肋板式结构，以减轻重量。

连杆机械加工主要集中在两端即大、小头上。主要加工表面是大、小头圆柱孔及其两端面。主要保证零件的尺寸公差（孔及孔心距尺寸等）和几何公差（平行度、垂直度、对称度等）。需要用不同的机械加工方法来完成连杆的全部加工工艺过程。

该零件的机械加工工艺规程编写方法与任务一相似，本任务的重点是能根据任务书的要求查阅有关手册，设计该零件的机械加工工艺过程及其各道工序内容，并按规范要求填写（及绘制）工艺文件。

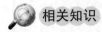相关知识

一、叉架类零件的功用及结构特征

叉架类零件主要起操纵、连接或支撑等作用，包括连杆、摇杆、杠杆、拨叉、支架和支座等零件，如图 2-2 所示。连杆主要用在各种四杆机构中，一端连接主动件，另一端连接执行件，起到传递运动并改变运动方式的作用。拨叉主要用在机床、发动机等各种机器上的操纵机构上，操纵机器并调节速度。支架主要起支撑和连接作用。

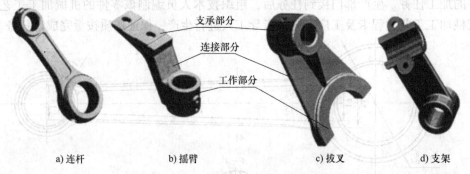

a)连杆   b)摇臂   c)拨叉   d)支架

图 2-2 常见的叉架类零件

叉架类零件的结构形状多样，差别较大，但都是由工作部分、连接部分和支承部分组成。工作部分和支承部分的细部结构较多，具有圆孔、螺孔、凸台、凹坑等常见结构。

叉架类零件一般采用铸件或锻件毛坯，其毛坯则具有铸（锻）造圆角、拔模斜度。但单件小批量时，也可采用焊件毛坯。

叉架类零件的毛坯形状较为复杂，且一般需要经过不同的机械加工才能获得成品。叉架类零件的机械加工主要集中在工作部分和支承部分，而其连接部分一般不需要进行机械加工。本节主要讨论与连杆机械加工工艺有关的问题。

二、连杆的加工

1. 分析连杆对产品质量和使用性能的影响

含有连杆的产品，一般都是传递运动和动力的，但产品的结构却是各式各样的，且差别

较大。因此，必须应具体问题具体分析。

（1）产品的用途、性能和工作条件　连杆主要用于铰链四杆机构及其衍生机构。这些机构在机械传动中广泛应用。例如，家用缝纫机的踏板机构、天平秤的天平机构、往复式动力机械和压缩机等。

（2）连杆零件在产品中的位置、作用及装配关系　如图2-3所示，在铰链四杆机构中连杆两端分别与主动和从动构件铰接以传递运动和动力。

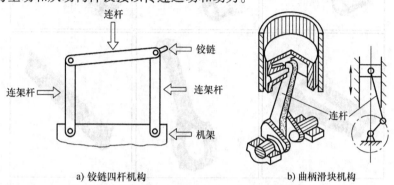

a) 铰链四杆机构　　　　　　　　　b) 曲柄滑块机构

图2-3　铰链四杆机构及其衍生的曲柄滑块机构

例如：在发动机中，连杆是发动机的主要零件之一，如图2-3b所示。用连杆来连接活塞与曲轴，将活塞的往复运动转变为曲轴的旋转运动，并把作用在活塞上的力传给曲轴以输出功率。连杆在工作中，受到高频交变载荷的作用，连杆的工作条件要求连杆具有较高的强度和抗疲劳性能，又要求具有足够的刚性和韧性。发动机的连杆加工属于机械制造工艺中的一种典型零件加工。因此，必须联系装配图，以了解连杆在产品中的位置、作用及装配关系

2. 分析连杆的工艺性

（1）连杆图样的分析　如图2-4所示，连杆主要由大头、小头和杆身三部分组成，并以大头圆柱孔与小头圆柱孔的两轴线形成的平面为该零件的对称面。

大、小头两孔内往往装有青铜衬套或滚针轴承，供装入轴销而构成铰接。机械加工表面集中在大头和小头这两个部分。杆身多为肋板结构，呈直线或弯曲状，其断面形状通常为"十"、"丁"、"一"、"凵"、"工"形。杆身的表面一般不进行机械加工。为方便加工连杆，一般在大头侧面或小头侧面设置工艺凸台或工艺侧面。

1）大小头圆柱孔的精度。大、小头圆柱孔是连杆上最重要的两个表面，对铰链四杆机构的运动精度（如冲击）影响较大。大、小头圆柱孔的直径公差一般相同，通常为IT6～IT8。形状公差（圆度等）控制在直径公差之内，倘若形状公差要求较高时，应在零件图样上另行规定其允许的公差。

2）大小头圆柱孔轴线在两个相互垂直方向的平行度。两孔轴线在连杆轴线方向的平行度误差会造成不均匀的边缘磨损；而两孔轴线在垂直于连杆轴线方向的平行度会使平面机构产生不在同一平面运动的趋势。如图2-3b所示的发动机，则要求尽量控制不均匀磨损，一般其平行度为0.03～0.05/100；而垂直于连杆轴线方向的平行度要求略低，一般为0.04～0.08/100。

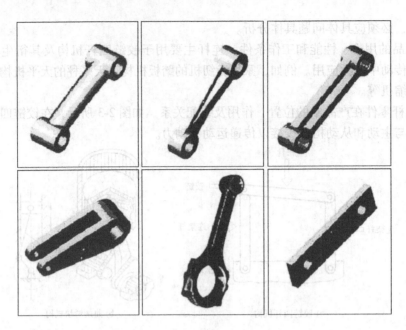

图2-4　常见连杆结构

3）大小头圆柱孔的中心距。大小头圆柱孔的中心距影响到传动比以及整个机构的效率，因此规定了较高的公差等级，一般为IT10左右。

4）大头圆柱孔两端面对大头圆柱孔轴线的垂直度。它不仅影响到机构的安装和工作状态，而且在加工过程中将影响到加工小头圆柱孔两端面的定位精度。因此，该垂直度有较高的要求，一般为0.1/100。

5）表面粗糙度。根据零件的表面工作部位的不同，可有不同的表面粗糙度值，例如大头圆柱孔的表面粗糙度为$Ra0.2 \sim 0.8\mu m$；大头圆柱孔端面的表面粗糙度略高于孔表面，一般为$Ra0.4 \sim 1.6\mu m$。而小头部位的相应表面的表面粗糙度均高于大头。随着机构传递动力的增大和精密程度的提高，连杆零件表面粗糙度值要求也将越来越小。

（2）连杆材料及热处理的分析　在机械行业中，连杆一般采用钢件制造，多数为优质碳素结构钢、渗碳钢或调质钢。其中碳素钢价格低廉，对应力集中敏感性小，故应用较为广泛。合金钢比碳素钢具有更高的力学性能和更好的淬火性能，但对应力集中比较敏感，价格较贵。对于受载大并要求结构紧凑、重量轻或耐磨性高的连杆，或处于非常温度或腐蚀条件下工作的连杆，一般都采用合金钢。

> 注意：不论热处理与否，常温下合金钢与碳素钢的弹性模量相差无几，因此当其他条件相同时，用合金钢代替碳素钢并不能提高连杆的刚度。

采用碳素结构钢时，根据钢的牌号和技术条件，采用不同的热处理规范（如正火、调质、淬火等），以获得一定的强度、韧性和耐磨性。对于渗碳钢，可选用20CrMnTi、20MnZB、20Cr等渗碳钢或38CrMoAlA氮化钢。经渗碳淬火处理后，具有很高的表面硬度、抗冲击韧性和心部强度，热处理变形却很小。调质钢经调质和表面淬火处理后，具有较高的综合力学性能。

连杆的毛坯一般采用锻件。生产类型为批量或以上，多数采取模锻。

（3）连杆的结构工艺性的分析

1）连杆的锻造工艺性。连杆一般采用中低碳（合金）钢，因此其材料是具有良好的锻造工艺性；其次，连杆结构并不复杂，由大、小头和杆身组成，一般都具有两个对称面，可用其中一个对称面作为模锻的分模面，因此其结构也具有良好的锻造工艺性。

2）连杆的切削工艺性。从连杆的材料看，其经过一定的预备热处理后，会具有良好的切削工艺性；其次，连杆的机械加工主要集中在大小头部位，且其加工表面主要为平面和孔，均为规则表面，因此，其结构的切削工艺性良好。

总而言之，连杆可以在正常的生产条件下，采用较经济的方法保质保量地加工出来。大多数连杆都具有良好的工艺性。

3. 定位基准的选择

连杆加工过程的大部分工序都采用统一的定位基准：一个端面、小头（或小头圆柱孔）及工艺凸台。这样有利于保证连杆的加工精度，而且端面的面积大，定位也较稳定。其中，端面、小头圆柱孔作为定位基准，也符合基准重合原则。

连杆大、小头端面对称分布在杆身的两侧，有时大、小头端面厚度不等，所以大头端面与同侧小头端面不在一个平面上。用这样的不等高面作为定位基准，必然会产生定位误差。制订工艺时，可将连杆毛坯的大、小头加工成相同厚度，这样不但避免了上述缺点，而且由于定位面积加大，使得定位更加可靠，直到加工的最后阶段再加工成不同厚度的阶梯面。

端面方向的粗基准选择有两种方案：一是选中间不加工的杆身毛面作基准，可保证对称，有利于夹紧。这种定位方法主要用于加工精度要求不高、而毛坯的位置误差较大的粗加工，如自由锻件和砂型铸件等。二是选要加工的端面作基准，可保证余量均匀。这种定位方法主要用于加工精度要求较高、而毛坯的位置误差较小的粗加工，如模锻锻件和较精密的铸件等。

4. 加工阶段的划分和加工顺序的安排

由于连杆本身的刚度差，切削加工时产生的残余应力易导致连杆的变形。因此，在安排工艺过程时，应把各主要表面的粗、精加工工序分开。这样粗加工产生的变形可以在半精加工中得到修正；半精加工中产生的变形可以在精加工中得到修正，最后达到连杆的技术要求。

在工序安排上，先加工定位基准，如端面加工的铣削安排在加工过程的前阶段，然后再加工孔。这既符合先基准后其他原则，也符合先面后孔的顺序原则。连杆工艺过程可分为以下三个阶段：

（1）粗加工阶段　大、小头端面及其圆柱孔的粗加工，以及辅助基准面的加工。如果是分体式连杆，还要加工连杆体及盖各自的对口面，如两者对口面的铣削和磨削等。

（2）半精加工阶段　半精加工大、小头端面、圆柱孔及其孔口倒角等。总之，是为精加工大、小头的端面及其圆柱孔作准备的阶段。

（3）精加工阶段　精加工阶段主要是最终保证连杆主要表面——大、小头端面及其圆柱孔全部达到零件图技术要求的阶段，如磨削大头端面及其圆柱孔，精镗小头圆柱孔等。

5. 主要表面的加工方法

（1）内孔和平面的表面加工方法　从连杆的功用及其结构来看，连杆加工以内孔和平面加工为主。为方便初学者正确地制订有关连杆及叉架类工件的工艺，分别摘录了孔和平面的加工方法及其经济精度和经济表面粗糙度，见表 2-1 和表 2-2，供选用时参考。

表 2-1 孔加工方法

序号	加工方法	经济精度 IT	表面粗糙度 $Ra/\mu m$	适用范围
1	钻	11 ~ 13	12.5	加工未淬火钢及铸铁的实心毛坯，也可用于加工有色金属，孔径小于 15 ~ 20mm
2	钻-铰	8 ~ 10	1.6 ~ 6.3	
3	钻-粗铰-精铰	7 ~ 8	0.8 ~ 1.6	
4	钻-扩	10 ~ 11	6.3 ~ 12.5	加工未淬火钢及铸铁的实心毛坯，也可用于加工有色金属，孔径大于 15 ~ 20mm
5	钻-扩-铰	8 ~ 10	1.6 ~ 3.2	
6	钻-扩-粗铰-精铰	7	0.8 ~ 1.6	
7	钻-扩-机铰-手铰	6 ~ 7	0.2 ~ 0.4	
8	钻-扩-拉	7 ~ 9	0.1 ~ 1.6	大批大量生产
9	粗镗（或扩孔）	11 ~ 13	6.3 ~ 12.5	除淬火钢外的各种材料，毛坯有铸出孔或锻出孔
10	粗镗（粗扩）-半精镗（精扩）	9 ~ 10	1.6 ~ 3.2	
11	粗镗（粗扩）-半精镗（精扩）-精镗（铰）	7 ~ 8	0.8 ~ 1.6	
12	粗镗（粗扩）-半精镗（精扩）-精镗-浮动镗刀精镗	6 ~ 7	0.4 ~ 0.8	
13	粗镗（扩）-半精镗-磨孔	7 ~ 8	0.2 ~ 0.8	主要用于淬火钢，也可用于未淬火钢，但不宜用于有色金属
14	粗镗（扩）-半精镗-粗磨-精磨	6 ~ 7	0.1 ~ 0.2	
15	粗镗-半精镗-精镗-精细镗（金刚镗）	6 ~ 7	0.05 ~ 0.4	主要用于精度要求高的有色金属加工
16	钻-（扩）-粗铰-精铰-珩磨；钻-（扩-）拉-珩磨；粗镗-半精镗-精镗-珩磨	6 ~ 7	0.025 ~ 0.2	精度要求很高的孔
17	以研磨代替上述方法中的珩磨	5 ~ 6	<0.1	

表 2-2 平面加工方法

序号	加工方法	经济精度 IT	表面粗糙度 $Ra/\mu m$	适用范围
1	粗车	11 ~ 13	6.3 ~ 25	端面
2	粗车-半精车	8 ~ 10	3.2 ~ 6.3	
3	粗车-半精车-精车	7 ~ 8	0.8 ~ 1.6	
4	粗车-半精车-磨削	6 ~ 8	0.4 ~ 0.8	
5	粗刨（或粗铣）	11 ~ 13	6.3 ~ 25	一般不淬硬表面（端铣表面粗糙度值较小）
6	粗刨（或粗铣）-精刨（或精铣）	7 ~ 8	0.8 ~ 1.6	
7	粗刨（或粗铣）-精刨（或精铣）-刮研	5 ~ 6	0.1 ~ 0.8	精度要求较高的不淬硬平面，批量较大时宜采用宽刃精刨方案
8	以宽刃精刨代替上述刮研	5	0.2 ~ 0.8	

（续）

序号	加 工 方 法	经济精度 IT	表面粗糙度 $Ra/\mu m$	适用范围
9	粗刨（或粗铣）-精刨（或精铣）-磨削	7	0.8	精度要求高的淬硬平面
10	粗刨（或粗铣）-精刨（或精铣）-粗磨-精磨	5~6	0.2~0.4	
11	粗铣-拉	7~9	0.2~0.8	大量生产，较小的平面
12	粗铣-精铣-磨削-研磨	5以上	<0.1	高精度平面

（2）两端面的加工　连杆的两端面是连杆的加工过程中主要的定位基准。所以，应先加工，且随着工艺过程的进行逐渐精化，以提高其定位精度。在成批生产中多采用铣削加工，而在大批大量生产中，连杆两端面多采用磨削和拉削加工。

（3）大、小头圆柱孔的加工　连杆大、小头圆柱孔的加工是连杆加工中的关键工序，尤其大头圆柱孔的加工是连杆各部位加工中要求最高的部位，直接影响连杆成品的质量。一般先加工小头圆柱孔，后加工大头圆柱孔。

小头圆柱孔直径小，锻件上不锻出预孔，所以小头圆柱孔首道工序为钻削加工。加工方案多为钻-扩-镗（或铰）。

无论是整体锻造还是分体锻造，大头圆柱孔一般会锻出预孔，因此大头圆柱孔的加工方案多为粗镗（或扩）-半精镗-精镗。但对于外形尺寸较小的连杆，有时其大头圆柱孔并不锻出预孔，则加工方案小头圆柱孔相同。

在大、小头圆柱孔的加工中，镗孔是保证精度的主要方法。因为镗孔能够修正毛坯和上道工序造成的孔轴线的歪斜，易于保证孔的位置精度。大批大量生产时，大、小头圆柱孔的精镗一般都在专用的双轴镗床上并配以专用夹具，以保证加工精度、位置精度和提高生产效率。批量生产时，可在通用镗床或车床上逐个进行镗孔加工。

连杆刚性差，因此工艺路线多为工序分散。大批量生产中，大部分工序用高效率的组合机床和专用机床，并广泛使用气动、液动夹具，以提高生产率，满足大批量生产的需要。而批量生产则以通用机床为主，以少部分专用机床为辅。

6. 切削用量的选择

连杆的机械加工中，常常涉及到铣（刨）削、钻削、铰削、镗（车）削和磨削等，其中的车削用量和磨削用量的选择，在上一个任务中已有论述。因此，这里主要讨论铣削、钻削和铰削加工时的切削用量选择。

（1）铣削用量的选择

1）吃刀量。端铣时的背吃刀量 a_p、圆周铣削时的侧吃刀量 a_e，即是吃刀量。当铣床功率足够、工艺系统刚度和强度允许，且加工精度要求不高及加工余量不大时，可一次进给铣去全部余量。当加工精度要求较高或表面粗糙度值要小于 $Ra6.3\mu m$ 时，应分粗铣和精铣。粗铣时，除留下精铣余量（0.5~2mm）外，应尽可能一次进给切除全部粗加工余量。

端铣时，背吃刀量 a_p 的推荐值见表2-3。当工件材料的硬度和强度较高时，取表中较小值。当加工余量较大时，除增加进给次数外，可采用阶梯铣削法铣削，以提高生产效率。

圆周铣削时的侧吃刀量 a_e，粗铣时可比端铣时的吃刀量大。因此，在铣床功率足够、工艺系统刚度和强度允许的条件下，尽量一次进给把粗铣余量全部切除。而精铣时，a_e 值可参照端铣时精铣的 a_p 值。

表 2-3　端铣时背吃刀量 a_p 的推荐值　　　　（单位：mm）

工件材料	高速钢铣刀		硬质合金铣刀	
	粗铣	精铣	粗铣	精铣
铸铁	5 ~ 7		10 ~ 18	
软钢	<5	0.5 ~ 1	<12	1 ~ 2
中硬钢	<4		<7	
硬钢	<3		<4	

2）进给量。粗铣时，限制进给量提高的主要因素是铣削力。进给量主要根据铣床进给机构的强度、铣刀杆尺寸、刀齿强度以及工艺系统刚度来确定。在上述条件许可的情况下，进给量应尽量取大。

精铣时，限制进给量提高的主要因素是加工表面的表面粗糙度，进给量越大，表面粗糙度值也越大。为了减小工艺系统的弹性变形，减小已加工表面残留面积的高度，一般应采用较小的进给量。

各种常用铣刀对不同工件材料铣削时的每齿进给量见表 2-4。粗铣时取大值，精铣时则取小值。

表 2-4　每齿进给量 f_z 的推荐值　　　　（单位：mm/z）

工件材料	工件材料硬度（HBW）	硬质合金		高速钢		
		面铣刀	三面刃铣刀	圆柱铣刀	立铣刀	面铣刀
低碳钢	~150	0.20 ~ 0.40	0.15 ~ 0.30	0.12 ~ 0.20	0.04 ~ 0.20	0.15 ~ 0.30
	150 ~ 200	0.20 ~ 0.35	0.12 ~ 0.25		0.03 ~ 0.18	
中高碳钢	120 ~ 210	0.15 ~ 0.40	0.15 ~ 0.25	0.12 ~ 0.20	0.05 ~ 0.20	0.15 ~ 0.25
	210 ~ 300	0.12 ~ 0.25	0.10 ~ 0.20	0.07 ~ 0.15	0.03 ~ 0.15	0.10 ~ 0.20
$w_C < 0.3\%$ 合金钢	125 ~ 220	0.15 ~ 0.40	0.12 ~ 0.25	0.12 ~ 0.20	0.05 ~ 0.20	0.15 ~ 0.25
	220 ~ 320	0.10 ~ 0.25	0.07 ~ 0.15	0.05 ~ 0.12	0.025 ~ 0.08	0.07 ~ 0.15
$w_C > 0.3\%$ 合金钢	170 ~ 280	0.12 ~ 0.30	0.12 ~ 0.25	0.12 ~ 0.20	0.12 ~ 0.20	0.12 ~ 0.20
	280 ~ 380	0.06 ~ 0.20	0.05 ~ 0.15	0.05 ~ 0.15	0.05 ~ 0.15	0.05 ~ 0.15
灰铸铁	150 ~ 220	0.20 ~ 0.50	0.12 ~ 0.30	0.15 ~ 0.25	0.05 ~ 0.18	0.15 ~ 0.30
	220 ~ 300	0.15 ~ 0.30	0.10 ~ 0.20	0.10 ~ 0.20	0.03 ~ 0.10	0.10 ~ 0.20

3）铣削速度。在背吃刀量（侧吃刀量）、进给量确定后，最后选择确定铣削速度 v_c。铣削速度 v_c 是在保证加工质量和铣刀寿命的前提下确定的。

粗铣时，由于金属切除量大，产生热量多，切削温度高，为了保证合理的铣刀寿命，铣削速度要比精铣时低一些。在铣削不锈钢等韧性好、强度高的材料，以及其他一些硬度高、热强度性能高的材料时，铣削速度应更低一些。此外，粗铣时铣削力大，必须考虑铣床功率是否足够，必要时应适当降低铣削速度，以减小铣削功率。

精铣时，由于金属切除量小，所以在一般情况下，可采用比粗铣时高一些的铣削速度。但铣削速度的提高将加快铣刀的磨损速度，从而影响加工精度。因此，精铣时限制铣削速度的主要因素是加工精度和铣刀寿命。在精铣加工面积大的工件（即一次铣削宽而长的加工面）时，往往采用比粗铣时还要低的低速铣削，以降低切削刃和刀尖的磨损量，并获得高的加工精度。

表2-5所示为常用材料的铣削速度推荐值，实际工作中可按具体情况适当修正。

表2-5　铣削速度 v_c 的推荐值　　　　　　　　　　（单位：m/min）

工件材料	硬度（HBW）	铣削速度 v_c	
		硬质合金铣刀	高速钢铣刀
低、中碳钢	<220	80~150	21~40
	225~290	60~115	15~30
高碳钢	<220	60~130	18~36
	225~325	53~105	14~24
合金钢	<220	55~120	15~35
	225~325	40~80	10~24
灰铸铁	100~140	110~115	24~36
	150~225	60~110	15~21
	230~290	45~90	9~18

（2）钻削用量的选择

1）背吃刀量。背吃刀量 a_p 由钻头直径所定。直径 D 小于30mm的孔一次钻出。直径 D 为30~80mm的孔，可分为两次钻削，先用（0.5~0.7）D 的钻头钻初孔，再用直径为 D 的钻头将孔扩大。背吃刀量 a_p 的计算具体见式（1-5）、式（1-6）。

2）进给量。高速钢钻头钻削时的进给量 f 见表2-6。当孔的精度要求较高、表面粗糙度值要求较低时，应取较小的进给量。当钻孔较深、钻头较长时，也应取较小的进给量。

表2-6　高速钢麻花钻进给量 f 的推荐值　　　　　　　（单位：mm/r）

钻头直径 D/mm	<3	3~6	6~12	12~25	>25
进给量 f/(mm/r)	0.025~0.05	0.05~0.10	0.10~0.18	0.18~0.38	0.38~0.62

3）钻削速度。在背吃刀量和进给量确定后，最后选择确定钻削速度 v_c。可按表2-7中的钻削速度的推荐值进行选取，选取后按实际工作情况进行适当修正。

表2-7　高速钢麻花钻钻削速度 v_c 的推荐值　　　　　　（单位：m/min）

工件材料	硬度（HBW）	切削速度	工件材料	硬度（HBW）	切削速度
低碳钢	100~125	27	合金钢	175~225	18
	125~175	24		225~275	15
	175~225	21		275~325	12
中、高碳钢	125~175	22	灰铸铁	100~140	33
	175~225	20		140~190	27
	225~275	15		190~220	21
	275~325	12		220~290	15

（3）铰削用量的选择 用铰刀对已经粗加工的孔进行精加工称为铰削（铰孔）。铰孔是应用较普遍的孔的精加工方法之一，在工厂中已被广泛使用。其尺寸公差可达 IT7~IT9，表面粗糙度值可达 $Ra0.8\mu m \sim 3.2\mu m$，甚至更小。

1）铰孔余量的确定。铰孔余量的大小直接影响铰孔的质量。铰削余量要适当，不宜过大，如果余量过大，每个刀齿切削负荷增大，造成切削热增加，变形增大，铰刀直径胀大，被加工表面会呈撕裂状态，工件尺寸精度降低，表面粗糙度值变大，而且加剧铰刀磨损。但是，铰削余量太小时，上道工序残留的变形难以纠正，原有的刀痕不能去除，铰削质量达不到要求。

选择铰孔余量时，应考虑铰孔精度、表面粗糙度、孔径大小、工件材料、刀具材料和切削液等因素。当孔径小于 $\phi 32mm$ 时，铰孔余量一般取：高速钢铰刀为 $0.1\sim0.25mm$，硬质合金铰刀为 $0.15\sim0.3mm$。直径小取小值，直径大则取大值。

2）铰削用量的选择

①背吃刀量：背吃刀量由加工余量确定，因铰孔余量小，一般是一次进给铰除掉所留的铰削余量。所以背吃刀量较小，为余量的一半。当所铰削的孔较大且精度要求较高时，应分粗铰和精铰。粗铰比精铰时背吃刀量大些。

②进给量：铰削时的进给量可取得大些。一般取进给量 $f=0.2\sim0.5mm/r$。

③切削速度：铰削时，切削速度愈低，表面粗糙度值愈小。

铰削钢件时，取切削速度 $v_c=4\sim10m/min$；

铰削铸铁时，取切削速度 $v_c=5\sim10m/min$。

▲ 任务实施

编制如图 2-1 所示的连杆零件的机械加工工艺规程。

一、确定连杆的生产类型

由任务书可知连杆的年产量为 1200 件/年。结合生产实际，备品率 a% 和废品率 b% 分别取 4% 和 0.5%。代入式（1-1）

$$N = Q_n(1+a\%)(1+b\%)$$

$$N = 1200 \times (1+4\%) \times (1+0.5\%) = 1254.2 \text{ 件/年}$$

因此，连杆的生产纲领约为 1254 余件。根据连杆材料的密度及图 2-1 所示的尺寸，得出该连杆质量约为 0.5kg。根据上述的连杆生产纲领与质量，可确定其生产类型为批量生产。

二、连杆的工艺分析

1. 零件结构

连杆是由连杆大头、杆身和连杆小头三部分组成。大头圆柱孔用来装配轴承，小头圆柱孔则用来装衬套。机械加工表面集中在大头和小头这两个部分。中间部分为杆身，其截面为工字形，且外表面不进行机械加工。

2. 主要加工表面及技术要求

（1）大头两端面 如图 2-1 所示，两端面之间的距离为 $16_{-0.07}^{0}mm$，表面粗糙度值均为

$Ra0.8\mu m$。且该两端面均表面淬火，硬度为 58 ~ 65HRC。因此，大头的两端平面最终需要精磨，以保证表面粗糙度 $Ra0.8\mu m$。

（2）小头两端面　如图 2-1 所示，两端面的距离为 26mm，表面粗糙度均为 $Ra12.5\mu m$。因此，小头两端平面最终采用粗车（或粗铣），也以保证表面粗糙度 $Ra12.5\mu m$。

（3）大头圆柱孔表面　如图 2-1 所示，圆柱孔直径为 $\phi38H7$，表面粗糙度为 $Ra0.4\mu m$，孔轴线与端面基准的垂直度为 0.05mm，且该圆柱孔需表面淬火，硬度为 58 ~ 65HRC。因此，大头圆柱孔表面最终需要精磨，以保证表面粗糙度 $Ra0.4\mu m$ 和 IT7 的孔径公差。另外，查孔轴的标准偏差表，$\phi38H7$ 为 $\phi 38^{+0.025}_{0}$mm。

（4）小头圆柱孔表面　如图 2-1 所示，圆柱孔直径为 $\phi22H7$，表面粗糙度为 $Ra1.6\mu m$，孔轴线与端面基准的垂直度为 0.1/100。因此，小头圆柱孔表面最终需要精镗（或精铰），以保证 IT7 的孔径公差。另，查孔轴的标准偏差表，$\phi22H7$ 为 $\phi 22^{+0.021}_{0}$mm。

（5）大头外圆及连接圆弧面　如图 2-1 所示，大头的外圆直径为 $\phi55^{0}_{-0.4}$mm，外圆与杆身连接的圆弧面的半径为 R40，表面粗糙度均为 $Ra3.2\mu m$。并按 "R40mm 铣刀" 标注，该面最终需半精铣。大头外圆面及其连接圆弧面采用 $\phi80mm$ 铣刀一次铣削成形，以保证表面粗糙度值 $Ra3.2\mu m$ 和 R40 的连接圆弧面。

（6）热处理　如图 2-1 所示的 "技术要求" 中，连杆材料为 20CrMnMo，硬度为 197 ~ 225HBW；大头圆柱孔及其端面渗碳淬火，硬度为 58 ~ 65HRC。因此，在进行机械加工前，连杆毛坯应进行正火处理，以获得良好的切削加工性，并为大头的渗碳淬火前作准备。其次，在半精加工后（亦即精加工前），对连杆的大头圆柱孔及其端面进行表面渗碳淬火，以达到相应的硬度要求。

3. 工艺性

该连杆材料属于低碳合金钢（即渗碳钢），因此从材料方面来说，其具有良好的锻造工艺性和切削工艺性。其次，该连杆结构较简单且对称，可用其中一个对称面作为模锻的分模面，因此其结构具有良好的锻造工艺性。其三，该连杆的机械加工主要集中在大小头部位，加工表面主要为平面和孔等规则表面。而且，两端面之间的平行度，可通过 "互为基准" 加以保证；大、小头的圆柱孔轴线与端面的垂直度，可通过 "基准重合" 加以保证；大头外圆柱面可通过 "一面两孔" 加以保证。因此，其结构具有良好的切削工艺性。

该连杆可以在正常的生产条件下，采用较经济的方法保质保量地加工出来。

三、确定连杆的材料及其毛坯

1. 连杆的材料

由图 2-1 所示的技术条件中可知，连杆的材料为 20CrMnMo。

2. 连杆的毛坯

（1）连杆毛坯的制造工艺　根据图 2-1 所示的技术条件，连杆毛坯采用模锻。

（2）连杆的锻造形状及尺寸公差

1）毛坯的公差及机械加工余量等级。由图 2-1 所示可知，其模锻的分模面是大小头上下两端面之间的对称中心面，如图 2-5 所示。故连杆毛坯属于平锻件，其公差为普通公差，其机械加工余量为一级。

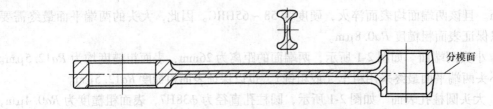

图 2-5　连杆模锻毛坯分模面

2）确定连杆锻件的各项几何参数及公差。按 GB/T 12362—2003 关于"钢质模锻件公差及机械加工余量"的规定，可得连杆锻件的各方向尺寸公差，见表 2-8。

表 2-8　连杆锻件各项几何参数及公差表

项目	公差、极限偏差或余量值/mm	备注
总长度 205mm	2.0 ($^{+1.4}_{-0.6}$)	
总宽度 60mm	1.4 ($^{+1.0}_{-0.4}$)	
厚度 30mm	1.8 ($^{+1.4}_{-0.4}$)	
中心距 160mm	±0.5	
错差公差	0.5	
残留飞边及切入深度公差	0.6	
直线度	0.8	
平面度		
单面加工余量	1.7~2	

3. 连杆锻件的各加工表面的加工余量

根据表 2-8，并与图 2-1 中的连杆零件各尺寸相比较，确定连杆锻件各表面的锻件机械加工余量，见表 2-9。

表 2-9　连杆锻件各表面加工余量表

加工表面	零件基本尺寸/mm	加工余量/mm	备注
小头上端面	26	2	顶面、单侧
小头下端面	26	2	
大头上端面	16	7	锻件大、小头同厚
大头下端面	16	7	
大头孔 φ38mm	φ38	38	锻件为实体
小头孔 φ22mm	φ22	22	
大头外圆 φ55	φ55	1.7	取水平方向单侧
小头的工艺凸台 φ6	φ6	1.5	精加工小头孔的工艺基准

4. 绘制连杆锻件草图

根据图 2-1 及表 2-8 和表 2-9，绘制连杆锻件图，如图 2-6 所示。

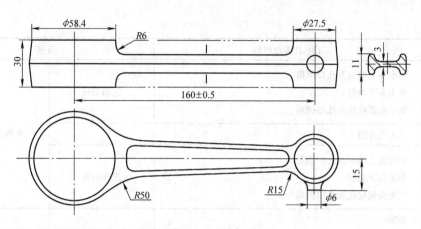

图 2-6　连杆锻件图

四、拟订连杆的机械加工工艺路线

1. 各加工表面的加工方法

选择加工方法时，必须要保证加工表面的精度及其表面粗糙度，同时要兼顾生产效率和经济性的要求。根据以上原则，并结合生产实际，选择各加工表面的加工方法见表 2-10。

表 2-10　连杆各加工表面的加工方法

加工表面	加工方法
大头上、下端面	粗铣（IT12，$Ra12.5\mu m$）-车（IT9，$Ra6.3\mu m$）-粗磨（IT8，$Ra1.6\mu m$）-精磨（IT7，$Ra0.4\mu m$）
大头圆柱孔	钻（IT12，$Ra12.5\mu m$）-扩（IT9，$Ra6.3\mu m$）-车孔（IT8，$Ra3.2\mu m$）-粗磨（IT8，$Ra1.6\mu m$）-精磨（IT7，$Ra0.4\mu m$）
小头上、下端面	粗铣（IT12，$Ra12.5\mu m$）-车（IT9，$Ra6.3\mu m$）
小头圆柱孔	钻（IT12，$Ra12.5\mu m$）-车孔（IT8，$Ra1.6\mu m$）-精铰（IT7，$Ra0.8\mu m$）
大头外圆	粗铣（IT12，$Ra12.5\mu m$）-半精铣（IT10，$Ra3.2\mu m$）
小头工艺面	粗铣（IT11，$Ra12.5\mu m$）

2. 拟订连杆的工艺路线方案

由于连杆各加工表面的加工方法已确定，按照"先粗后精、基面先行和先面后孔"等加工顺序原则，初步拟订方案见表 2-11。

表 2-11　连杆工艺路线方案

工序	工序名称及内容	备注	
10	锻造		
20	正火	低碳合金钢	
30	粗铣大头上端面 粗铣大头下端面	先面后孔	粗加工阶段
40	钻小头圆柱孔		
50	钻、扩大头圆柱孔		
60	铣小头外圆工艺凸台面	基面先行	

（续）

工序	工序名称及内容	备注	
70	车小头上端面及孔口倒角 车小头下端面 车小头圆柱孔及孔口倒角	先面后孔	半精加工阶段
80	铣大头外圆		
90	车大头上端面及孔口倒角 车大头下端面 车大头圆柱孔及孔口倒角	先面后孔	
100	清洗		
110	检验	热处理前	
120	大头渗碳淬火	低碳合金钢	
130	粗磨大头上端面 粗磨大头下端面	先面后孔	精加工阶段
140	精铰小头圆柱孔		
150	粗磨大头圆柱孔		
160	检验	关键工序	
170	精磨大头上端面 精磨大头下端面	先面后孔	精加工阶段
180	精磨大头圆柱孔		
190	检验	终检	

五、选择各工序的定位基准

连杆工艺路线方案已确定，按照基准的选用原则，初步拟订各工序的定位基准，见表2-12。

表2-12　连杆各加工工序的定位基准

工序	工序名称及内容	定位基准	备注
10	锻造		
20	正火		
30	粗铣大小头上端面 粗铣大小头下端面	铣上端面时，则以下端面为基准；反之亦然	互为基准
40	钻小头圆柱孔	端面、小头外圆和大头外圆	基准重合
50	钻、扩大头圆柱孔	端面、小头圆柱孔和大头外圆	基准重合
60	铣小头外圆工艺凸台面	一面两孔	基准重合
70	车小头上端面及孔口倒角 车小头下端面 车小头圆柱孔及孔口倒角	端面、大头圆柱孔和小头凸台	基准重合
80	铣大头外圆	一面两孔	基准重合

（续）

工序	工序名称及内容	定位基准	备注
90	车大头上端面及孔口倒角 车大头下端面 车大头圆柱孔及孔口倒角	端面、小头圆柱孔和大头外圆	基准重合
100	清洗		
110	检验		
120	大头渗碳淬火		
130	粗磨大头上端面 粗磨大头下端面	一面两孔	基准重合
140	精铰小头圆柱孔	端面、大头圆柱孔和小头工艺凸台	基准重合
150	粗磨大头圆柱孔	端面、小头圆柱孔和大头外圆	基准重合
160	检验		
170	精磨大头上端面 精磨大头下端面	一面两孔	基准重合
180	精磨大头圆柱孔	端面、小头圆柱孔，大头外圆	基准重合
190	检验		

六、选择加工设备

选择机床主要考虑以下三个方面：一是所选的机床精度与工序要求的加工精度相适应；二是所选的机床主要规格尺寸与零件的外轮廓尺寸相适应；三是所选的机床效率与零件的生产类型相适应。根据以上"三适应"原则，结合有关加工工艺手册及其生产实际，初步选取各加工工序的机床见表 2-13。

表 2-13　加工连杆各工序的机床设备型号

工序	工序名称及内容	机床设备型号	备注
10	锻造		
20	正火		
30	粗铣大小头上端面 粗铣大小头下端面	X5032 立式铣床	
40	钻小头圆柱孔	Z525A 立式钻床	
50	钻、扩大头圆柱孔	Z550A 立式钻床	
60	铣小头外圆工艺凸台面	X5032 立式铣床	
70	车小头上端面及孔口倒角 车小头下端面 车小头圆柱孔及孔口倒角	CA6140 卧式车床	
80	铣大头外圆	X5032 立式铣床	
90	车大头上端面及孔口倒角 车大头下端面 车大头圆柱孔及孔口倒角	CA6140 卧式车床	

（续）

工序	工序名称及内容	机床设备型号	备注
100	清洗		
110	检验		
120	大头渗碳淬火		
130	粗磨大头上端面 粗磨大头下端面	M7120 平面磨床	
140	精铰小头圆柱孔	CA6140 卧式车床	
150	粗磨大头圆柱孔	MBD2110A 内圆磨床	
160	检验		
170	精磨大头上端面 精磨大头下端面	M7120 平面磨床	
180	精磨大头圆柱孔	MBD2110A 内圆磨床	
190	检验		

七、确定各加工表面的工序尺寸及公差

根据表 2-10 中连杆各表面的加工方法，并以查表法确定的加工余量，分别进行各加工表面的工序尺寸及公差的计算。

1. 加工小头两端面各工序的工序尺寸及公差（见表 2-14）

表 2-14　加工小头两端面各工序的工序尺寸及公差

工序名称	基本余量	经济公差	工序尺寸/mm	工序尺寸、公差(/mm)和表面粗糙度值	备注
车另一端面	0.6	$h9\left(_{-0.052}^{0}\right)$	26	$26_{-0.052}^{0}$, $Ra6.3\mu m$	
车端面	0.6				
粗铣另一端面	1.4	$h12\left(_{-0.21}^{0}\right)$	27.2	$27.2_{-0.21}^{0}$, $Ra12.5\mu m$	
粗铣端面	1.4				
锻造毛坯	4		30		

2. 加工大头两端面各工序的工序尺寸及公差（见表 2-15）

表 2-15　加工大头两端面各工序的工序尺寸及公差

工序名称	基本余量	经济公差	工序尺寸/mm	工序尺寸、公差(/mm)和表面粗糙度值	备注
精磨另一端面	0.1	$h7\left(_{-0.018}^{0}\right)$	16	$16_{-0.018}^{0}$, $Ra0.8\mu m$	
精磨端面	0.1				
粗磨另一端面	0.2	$h8\left(_{-0.027}^{0}\right)$	16.2	$16.2_{-0.027}^{0}$, $Ra1.6\mu m$	
粗磨端面	0.2				
车另一端面	5.3	$h9\left(_{-0.043}^{0}\right)$	16.6	$16.6_{-0.043}^{0}$, $Ra3.2\mu m$	
车端面	5.3				

（续）

工序名称	基本余量	经济公差	工序尺寸/mm	工序尺寸、公差(/mm)和表面粗糙度值	备注
粗铣另一端面	1.4	h12($^{\ 0}_{-0.21}$)	27.2	27.2$^{\ 0}_{-0.21}$，$Ra12.5\mu m$	
粗铣端面	1.4				
锻造毛坯	14		30		双边余量

说明：大小头毛坯同厚30mm，并且同时粗铣大小头端面，但其成品尺寸为16mm。因此，单边总加工余量为7mm，故车端面的加工余量为5.3mm。

3. 加工小头圆柱孔各工序的工序尺寸及公差（见表 2-16）

表 2-16　加工小头圆柱孔各工序的工序尺寸及公差

工序名称	基本余量	经济公差	工序尺寸/mm	工序尺寸、公差(/mm)和表面粗糙度值	备注
精铰	0.2	H7($^{+0.021}_{\ \ 0}$)	22	$\phi 22^{+0.021}_{\ \ 0}$，$Ra0.8\mu m$	
车孔	1.8	H8($^{+0.033}_{\ \ 0}$)	21.8	$\phi 21.8^{+0.033}_{\ \ 0}$，$Ra1.6\mu m$	
钻	20	H12($^{+0.21}_{\ \ 0}$)	20	$\phi 20^{+0.21}_{\ \ 0}$，$Ra12.5\mu m$	
锻造毛坯	22		实体		

4. 加工大头圆柱孔各工序的工序尺寸及公差（见表 2-17）

表 2-17　加工大头圆柱孔各工序的工序尺寸及公差

工序名称	工序基本余量	经济公差	工序尺寸/mm	工序尺寸、公差(/mm)和表面粗糙度值	备注
精磨	0.2	H7($^{+0.025}_{\ \ 0}$)	38	$\phi 38^{+0.025}_{\ \ 0}$，$Ra0.4\mu m$	
粗磨	0.4	H8($^{+0.039}_{\ \ 0}$)	37.8	$\phi 37.8^{+0.039}_{\ \ 0}$，$Ra0.8\mu m$	
车孔	1.4	H8($^{+0.039}_{\ \ 0}$)	37.4	$\phi 37.4^{+0.039}_{\ \ 0}$，$Ra1.6\mu m$	
扩（钻）	16	H10($^{+0.100}_{\ \ 0}$)	36	$\phi 36^{+0.100}_{\ \ 0}$，$Ra6.3\mu m$	
钻	20	H12($^{+0.21}_{\ \ 0}$)	20	$\phi 20^{+0.21}_{\ \ 0}$，$Ra12.5\mu m$	
锻造毛坯	38		实体		

5. 加工大头外圆各工序的工序尺寸及公差（见表 2-18）

表 2-18　加工大头外圆的工序尺寸及公差

工序名称	基本余量	经济公差	工序尺寸/mm	工序尺寸、公差(/mm)和表面粗糙度值	备注
铣	3.4	h12($^{\ 0}_{-0.3}$)	55	$\phi 55^{\ 0}_{-0.3}$，$Ra6.3\mu m$	
锻造毛坯	3.4		$\phi 58.4$		

6. 加工小头工艺凸台面的工序尺寸及公差（见表 2-19）

表 2-19　加工小头凸台的工序尺寸及公差

工序名称	基本余量	经济公差	工序尺寸/mm	工序尺寸、公差(/mm)和表面粗糙度值	备注
铣	1.0	js12(± 0.055)	14	14 ± 0.055	
锻造毛坯	1		15		

八、选择各工序所用的工艺装备（夹具、刀具和量具）

选择夹具主要考虑以下四个方面：一是生产类型；二是工件的结构及尺寸；三是工序的加工精度；四是工序的定位特点。

刀具的选择主要取决于工序所采用的加工方法、加工表面的尺寸、工件材料、所要求的加工精度和表面粗糙度、生产率及经济性等。一般应尽可能采用标准刀具，必要时采用高生产率的复合刀具及其他专用刀具。

选择量具主要考虑以下两个方面：一是零件的生产类型；二是工序的加工精度。在单件小批生产中应尽量采用通用量具、量仪；在大批大量生产中应采用各种量规、高效的检验仪器和检验夹具等。

工序30：粗铣大小头端面（$27.2_{-0.21}^{0}$mm，$Ra12.5\mu m$），铣削面积为202mm×59mm

夹具：铣床夹具。

刀具：普通标准铣刀的镶齿套式面铣刀，规格为$D=125$mm，$d=40$mm，$Z=5$齿。

量具：分度值为0.02mm，测量范围为0~125mm的Ⅰ型（即三用）游标卡尺。

工序40：钻小头圆柱孔（$\phi20_{0}^{+0.21}$mm，$Ra12.5\mu m$），通孔。

夹具：钻床夹具。

刀具：$\phi20$mm高速钢锥柄麻花钻。

量具：游标卡尺。

工序50：钻大头圆柱孔（$\phi20_{0}^{+0.21}$mm，$Ra12.5\mu m$），扩大头圆柱孔（$\phi36_{0}^{+0.100}$mm，$Ra6.3\mu m$）。通孔。

夹具：钻床夹具。

刀具：$\phi20$mm、$\phi36$mm高速钢锥柄麻花钻。

量具：游标卡尺。

工序60：铣小头外圆的凸台工艺平面（14 ± 0.055）mm。加工面直径$\phi6$mm。

夹具：铣床夹具。

刀具：硬质合金斜齿锥柄立铣刀，规格为$d=45$mm，$L=170$mm，$l=28.0$mm。

量具：游标卡尺。

工序70：车小头两端面（$26_{-0.052}^{0}$mm，$Ra6.3\mu m$）及其孔口倒角；车小头圆柱孔（$\phi21.8_{0}^{+0.033}$mm，$Ra1.6\mu m$），通孔。

夹具：车床夹具。

刀具：硬质合金端面车刀和通孔车刀。

量具：游标卡尺及$\phi21.8$mm的圆柱极限塞规。

工序80：铣大头外圆（$\phi55_{-0.3}^{0}$mm，$Ra6.3\mu m$）。加工面厚度27.2mm。

夹具：铣床夹具。

刀具：硬质合金斜齿锥柄立铣刀，规格为$d=45$mm，$L=170$mm，$l=28.0$mm。

量具：游标卡尺。

工序90：车大头两端面（$16.6_{-0.043}^{0}$mm，$Ra3.2\mu m$）及其孔口倒角；车大头圆柱孔（$\phi37.4_{0}^{+0.039}$mm，$Ra1.6\mu m$），通孔长17mm。

夹具：车床夹具。

刀具：硬质合金端面车刀和通孔车刀。

量具：0～25mm 的外径千分尺及 20～40mm 的内径百分表。

工序 130：粗磨大头两端面（$16.2_{-0.027}^{0}$ mm，$Ra1.6\mu m$）。

夹具：磨床夹具。

刀具：砂轮直径 $D = 150$ mm，厚度 $T = 63$ mm 的平面磨用平形砂轮。

量具：0～25mm 的外径千分尺。

工序 140：精铰小头圆柱孔（$\phi 22_{0}^{+0.021}$ mm，$Ra0.8\mu m$），通孔。

夹具：车床夹具。

刀具：硬质合金铰刀 $\phi 22_{+0.007}^{+0.014}$ mm。

量具：$\phi 22$H7 圆柱塞规。

工序 150：粗磨大头圆柱孔（$\phi 37.8_{0}^{+0.039}$ mm，$Ra0.8\mu m$），通孔。

夹具：磨床夹具。

刀具：砂轮直径 $D = 30$ mm，长度 $T = 20$ mm 的内圆磨用平形砂轮。

量具：20～40mm 的内径百分表。

工序 170：精磨大头两端面（$16_{-0.018}^{0}$ mm，$Ra0.8\mu m$）。

夹具：磨床夹具。

刀具：砂轮直径 $D = 150$ mm，厚度 $T = 63$ mm 的平面磨用平形砂轮。

量具：0～25mm 的外径千分尺。

工序 180：精磨大头圆柱孔（$\phi 38_{0}^{+0.025}$ mm，$Ra0.4\mu m$）。深度 16mm。

夹具：磨床夹具。

刀具：砂轮直径 $D = 30$ mm，长度 $T = 20$ mm 的内圆磨用平形砂轮。

量具：20～40mm 的内径百分表。

九、确定各工序的切削用量及其时间定额

1. 工序 30（粗铣大小头两端面）

（1）确定背吃刀量　该工序的工序余量为（单边）1.4mm，且采用面铣刀，故取其背吃刀量 $a_p = 1.4$ mm。

（2）确定进给量　根据切削用量的选择及加工实际情况，取进给量 $f_z = 0.18$ mm/z（共 5 个刀齿）。

（3）确定切削速度及其转速　由表 2-5 可知，根据工件材料及刀具材料实际情况，取切削速度 $v_c = 80$ m/min。

根据式（1-9）得

$$主轴转速 \ n = \frac{1000v_c}{\pi d} = \frac{1000 \times 80 \text{m/min}}{3.14 \times 100 \text{mm}} \approx 254 \text{r/min}$$

按 X5032 铣床资料，取主轴转速 n 为 235r/min。

（4）工时定额　根据式（1-22）可得

$$基本时间 \ T_b = \frac{L_j Z}{n f a_p} = \frac{220 \text{mm}}{235 \text{r/min} \times 0.18 \text{mm/z}} \times 2 = 2.1 \text{min}$$

单件时间 T_p 按式（1-23）可得

$$T_p = T_b + T_a + T_s + T_r = T_b + 150\% \, T_b + 7\% \, T_b + 3\% \, T_b = 260\% \, T_b = 5.5 \, \text{min}$$

2. 其余工序的切削用量及其时间定额

同理可得其余工序的切削用量及其时间定额，结果见表2-20。

表2-20　其余工序的切削用量及其时间定额

工序号	工序名称（工序尺寸）	背吃刀量/mm	进给量/（mm/r）	切削速度及转速		工时/min		备注
				切削速度/（m/min）	转速/（r/min）	基本时间	单件时间	
40	钻小头圆柱孔	10	0.22	17	272	0.67	1.7	
50	钻大头圆柱孔	10	0.28	15.7	250	1.14	3.0	
	扩大头圆柱孔	8		28				
60	铣凸台	1	1	84.8	600	0.04	1.0	
70	车小头端面	0.6	0.15	98.5	1120	0.18	1.5	车两个端面
	车小头圆柱孔	0.90	0.1	62.2	900	0.4		
80	铣大头外圆	1.7	1	84.8	600	0.55	1.5	
90	进给1：车大头端面	3.5	0.15	96.7	560	0.95	3.77	车两个端面
	进给2：车端面	1.8						
	车大头圆柱孔	0.7	0.1	65.8		0.5		
130	粗磨大头端面	0.04/0.2	5m/min	15.7m/s	2000	0.32	1.0	磨两个端面
140	精铰小头圆柱孔	0.1	0.5	4.4	63	1.3	2.8	
150	粗磨大头圆柱孔	0.04/0.2	2m/min	13.3m/s	8500	0.21	0.85	
170	精磨大头端面	0.01/0.1	2m/min	15.7m/s	2000	0.55	2.0	磨两个端面
180	精磨大头圆柱孔	0.01/0.1	0.7m/min	13.3m/s	8500	0.4	1.5	

十、编制连杆的机械加工工艺卡及其工序卡

1. 连杆的机械加工工艺卡（见表2-21）

表2-21　机械加工工艺过程卡片

机械加工工艺过程卡片		产品型号		零件图号			
		产品名称		零件名称	连杆	共2页	第1页
材料牌号 20CrMnMo	毛坯种类 锻件	毛坯外形尺寸 205mm×58.5mm×30mm		每毛坯件数 1	每台件数 连杆	备注	
工序号	工序名称	工序内容	车间	工段	设备	工艺装备	工时/min 准终 / 单件
10	锻造	模锻					
20	正火	正火，硬度为197~225HBW					
30	粗铣端面	粗铣大小头两端面，保证厚度尺寸 $27.2_{-0.21}^{\ 0}$ mm			X5032	专用夹具；面铣刀	6
40	钻小头圆柱孔	钻小头圆柱孔φ20mm			Z525A	钻模；麻花钻φ20mm	2
50	钻扩大头圆柱孔	钻大头圆柱孔φ20mm，扩大头圆柱孔 $\phi36_{\ 0}^{+0.100}$ mm			Z550A	钻模；麻花钻φ20mm和扩孔钻φ36mm	3
60	铣凸台	铣工艺凸台，保证其到小头圆柱孔轴线尺寸(14.2±0.055)mm			X5032	专用夹具；立铣刀	1
70	车小头端面	车小头两端面及其孔口倒角C2，保证厚度尺寸 $26_{-0.052}^{\ 0}$ mm			CA6140	专用夹具；端面车刀和通孔车刀	2
70	车小头圆柱孔	车小头圆柱孔 $\phi21.8_{\ 0}^{+0.033}$ mm					
80	铣外圆	铣大头外圆 $\phi55_{-0.3}^{\ 0}$ mm 及其R40的连接圆弧面			X5032	专用夹具；立铣刀	2
					设计(日期)	校对(日期) 审核(日期) 标准化(日期)	会签(日期)
标记	处数	更改文件号	签字	日期	标记 处数	更改文件号 签字	日期

（续）

机械加工工艺过程卡片		产品型号		零件图号			共2页	第2页
		产品名称		零件名称	连杆			

材料牌号	20CrMnMo	毛坯种类	锻件	毛坯外形尺寸	205mm×58.5mm×30mm	每毛坯件数	1	每台件数	1		

工序号	工序名称	工序内容	车间	工段	设备	工艺装备	工时/min	
							准终	单件
90	车大头端面及车大头圆柱孔	车大头两端面并孔口倒角C2，保证厚度尺寸 $16.6_{-0.043}^{0}$ mm；车大头圆柱孔 $\phi 37.4_{0}^{+0.039}$ mm			CA6140	专用夹具；端面车刀和通孔车刀		4
100	清洗							
110	检验	检查大、小头的厚度、孔径和中心距						
120	渗碳	大头处渗碳淬火，深 0.9~1.4mm（成品），硬度 58~65HRC						
130	粗磨端面	粗磨大头两端面，保证厚度尺寸 $16.2_{-0.027}^{0}$ mm			M7120	专用夹具；平面磨平形砂轮		1
140	铰小头圆柱孔	精铰小头圆柱孔 $\phi 22_{0}^{+0.021}$ mm			CA6140	专用夹具；硬质合金铰刀		3
150	粗磨孔	粗磨大头圆柱孔 $\phi 37.8_{0}^{+0.039}$ mm，保证中心距			MBD2110A	专用夹具；内圆磨平形砂轮		1
160	检验							
170	精磨端面	精磨大头两端面，保证厚度尺寸 $16_{-0.018}^{0}$ mm			M7120	专用夹具；平面磨平形砂轮		2
180	精磨孔	精磨大头圆柱孔 $\phi 38_{0}^{+0.025}$ mm			MBD2110A	专用夹具；内圆磨平形砂轮		2
190	终检	对孔径、中心距和几何公差等技术要求进行精度检查						
			设计（日期）	校对（日期）	审核（日期）	标准化（日期）	会签（日期）	
标记	处数	更改文件号	签字	日期	标记	处数	更改文件号	签字	日期

2. 连杆的机械加工工序卡(见表2-22)

表2-22　机械加工工序卡片

机械加工工序卡片	产品型号		零件图号			共12页
	产品名称		零件名称	连杆		第1页

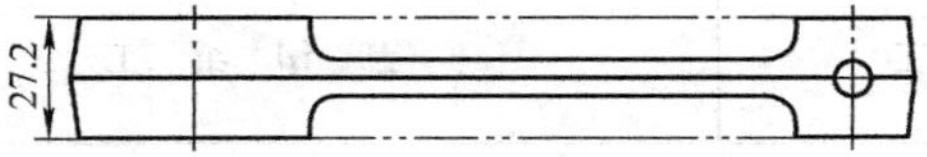

车间		工序号	工序名称		材料牌号
		30	粗铣两端面		20CrMnMo
毛坯种类		毛坯外形尺寸	每毛坯可制件数		每台件数
模锻		205mm×58.5mm×30mm	1		
设备名称	设备型号	设备编号			同时加工件数
铣床	X5032				2
夹具编号	夹具名称			切削液	
	铣床夹具			3%~5%乳化液	
工位器具编号	工位器具名称			工序工时/min	
				准终	单件　3

工步号	工步内容	工艺装备	主轴转速/(r/min)	切削速度/(m/min)	进给量/(mm/z)	背吃刀量/mm	进给次数	工步工时 机动	辅助
1	粗铣两端面保证厚度27.2$_{-0.21}^{0}$ mm	面铣刀、I型游标卡尺	235	73.8	0.18	1.4	1		
2									

			设计(日期)	校对(日期)	审核(日期)	标准化(日期)	会签(日期)
标记	处数	更改文件号	签字	日期	标记	处数	更改文件号	签字	日期

机械加工工序卡片

	产品型号		零件图号		（续）
	产品名称		零件名称	连杆	共12页 第2页

车间	工序号	工序名称	材料牌号
	40	钻小头圆柱孔	20CrMnMo

毛坯种类	毛坯外形尺寸	每毛坯可制件数	每台件数
模锻	205mm×58.5mm×30mm	1	

设备名称	设备型号	设备编号	同时加工件数
钻床	Z525A		1

夹具编号	夹具名称	切削液
	钻床夹具	3%~5%乳化液

工位器具编号	工位器具名称	工序工时/min
		准终 单件

$\phi 20^{+0.21}_{0}$

160±0.2

工步号	工步内容	工艺装备	主轴转速 /(r/min)	切削速度 /(m/min)	进给量 /(mm/r)	背吃刀量 /mm	进给次数	工步工时 机动	工步工时 辅助
1	钻小头圆柱孔 φ20mm 通孔	麻花钻、I型游标卡尺	272	17	0.22	10	1		
2								2	

			设计（日期）	校对（日期）	审核（日期）	标准化（日期）	会签（日期）

标记	处数	更改文件号	签字	日期	标记	处数	更改文件号	签字	日期

（续）

机械加工工序卡片	产品型号		零件图号			共 12 页
	产品名称		零件名称	连杆		第 3 页

车间	工序号	工序名称	材料牌号
	50	钻扩大砂圆柱孔	20CrMnMo

毛坯种类	毛坯外形尺寸	每毛坯可制件数	每台件数
模锻	205mm×58.5mm×30mm	1	

设备名称	设备型号	设备编号	同时加工件数
钻床	Z550A		1

夹具编号	夹具名称	切削液
	钻床夹具	3%～5%乳化液

工位器具编号	工位器具名称	工序工时/min	
		准终	单件

φ36⁺⁰·¹⁰⁰₀

160±0.1

工步号	工步内容	工艺装备	主轴转速 /(r/min)	切削速度 /(m/min)	进给量 /(mm/r)	背吃刀量 /mm	进给次数	工步工时	
								机动	辅助
1	钻大头圆柱孔 φ20mm 通孔	麻花钻	250	15.7	0.28	10	1		
2	扩孔 φ36⁺⁰·¹⁰⁰ mm 通孔	扩孔钻、Ⅰ型游标卡尺		28		8	1		

			设计（日期）	校对（日期）	审核（日期）	标准化（日期）	会签（日期）
标记	处数	更改文件号	签字	日期	标记	处数	更改文件号	签字	日期

机械加工工序卡片		产品型号		零件图号		工序号	60	共12页	
		产品名称		零件名称	连杆	工序名称	铣凸台	第4页	
								材料牌号	20CrMnMo

车间	毛坯种类	毛坯外形尺寸	每台件数	工序名称		
	模锻	205mm×58.5mm×30mm	每毛坯可制件数 1	铣凸台		
设备名称	设备型号	设备编号	同时加工件数 1			
铣床	X5032		切削液 3%~5%乳化液			
夹具编号	夹具名称 铣床夹具					
工位器具编号	工位器具名称		工步工时 准终 / 单件 1			

工步号	工步内容	工艺装备	主轴转速 /(r/min)	切削速度 /(m/min)	进给量 /(mm/r)	背吃刀量 /mm	进给次数	工步工时 机动	辅助
1	铣工艺凸台，其到小头孔轴线尺寸（14±0.055）mm	立铣刀，I型游标卡尺	600	84.8	1	1	1		
2									

	设计（日期）	校对（日期）	审核（日期）	标准化（日期）	会签（日期）
标记 处数 更改文件号 签字 日期					
标记 处数 更改文件号 签字 日期					

（续）

机械加工工序卡片	产品型号		零件图号		共12页
	产品名称	连杆	零件名称		第5页

车间	工序号	工序名称	材料牌号
	70	车小头端面及孔	20CrMnMo

毛坯种类	毛坯外形尺寸	每毛坯可制件数	每台件数
模锻	205mm×58.5mm×30mm	1	

设备名称	设备型号	设备编号	同时加工件数
车床	CA6140		1

夹具编号	夹具名称	切削液
	车床夹具	3%~5%乳化液

工位器具编号	工位器具名称	工序工时	
		准终	单件 2

工步号	工步内容	工艺装备	主轴转速 /(r/min)	切削速度 /(m/min)	进给量 /(mm/z)	背吃刀量 /mm	进给次数	工步工时 机动	工步工时 辅助
1	车小头两端面及孔口倒角 C2，保证厚度 $26_{-0.052}^{\ 0}$ mm	端面车刀，通孔车刀，I 型圆柱塞规 游标卡尺	1120	98.5	0.15	0.6	1		
2	车小头圆柱孔 $\phi21.8_{\ 0}^{+0.033}$ mm 通孔		900	62.2	0.1	0.90	1		

$C2$
$\phi21.8_{\ 0}^{+0.033}$
$26_{-0.052}^{\ 0}$
160 ± 0.1

		设计（日期）	校对（日期）	审核（日期）	标准化（日期）	会签（日期）
标记	处数	更改文件号	签字	日期	标记 处数 更改文件号 签字 日期	

机械加工工序卡片

	产品型号		零件图号		共 12 页
	产品名称		零件名称	连杆	第 6 页

车间	工序号	工序名称	材料牌号
	80	铣大头外圆	20CrMnMo

毛坯种类	毛坯外形尺寸	每毛坯可制件数	每台件数
模锻	205mm×58.5mm×30mm	1	

设备名称	设备型号	设备编号	同时加工件数
铣床	X5032		1

夹具编号	夹具名称	切削液
	铣床夹具	3%～5%乳化液

工位器具编号	工位器具名称	工序工时	
		准终	单件

φ55 $^{\ 0}_{-0.3}$ 160±0.1 R40铣刀

工步号	工 步 内 容	工 艺 装 备	主轴转速 /(r/min)	切削速度 /(m/min)	进给量 /(mm/r)	背吃刀量 /mm	进给次数	工步工时 机动	工步工时 辅助
1	铣大头外圆 φ55 $^{\ 0}_{-0.3}$ mm 及其 R40 的连接圆弧面	立铣刀、I 型游标卡尺	84.8	600	1	1.7	1		2
2									

	设计(日期)	校对(日期)	审核(日期)	标准化(日期)	会签(日期)

标记	处数	更改文件号	签字	日期	标记	处数	更改文件号	签字	日期

(续)

机械加工工序卡片

（续）　共12页　第7页

产品型号		零件图号		零件名称 连杆			
产品名称							

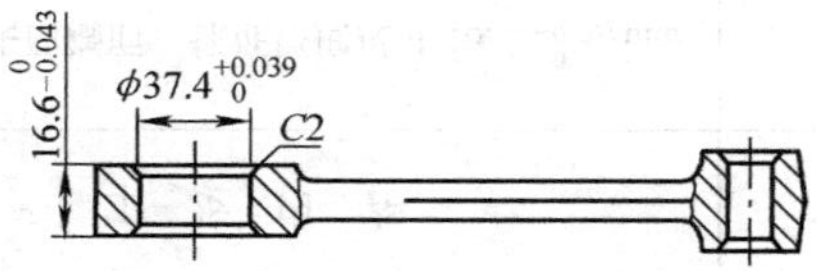

车间	工序号 90	工序名称 车大头端面及孔	材料牌号 20CrMnMo
毛坯种类 模锻	毛坯外形尺寸 205mm×58.5mm×30mm	每毛坯可制件数 1	同时加工件数 1
设备名称 车床	设备型号 CA6140	设备编号	切削液 3%~5%乳化液
夹具编号	夹具名称 车床夹具	工位器具编号 工位器具名称	工序工时/min 准终 单件 4

工步号	工步内容	工艺装备	主轴转速/(r/min)	切削速度/(m/min)	进给量/(mm/z)	背吃刀量/mm	进给次数	工步工时 机动 辅助
1	车大头两端面及孔口倒角 $C2$，保证厚度 $16.6_{-0.043}^{0}$ mm	端面车刀、通孔车刀、I型	560	96.7	0.15	3.5 / 1.8	2	
2	车大头圆柱孔 $\phi 37.4_{0}^{+0.039}$ mm	游标卡尺、内径百分表		65.8	0.1	0.7	1	

				设计（日期）	校对（日期）	审核（日期）	标准化（日期）	会签（日期）
标记	处数	更改文件号	签字	日期	标记	处数	更改文件号	签字	日期

机械加工工序卡片

	产品型号		零件图号			共 12 页
	产品名称		零件名称	连杆		第 8 页

车间	工序号	工序名称	材料牌号
	130	粗磨端面	20CrMnMo

毛坯种类	毛坯外形尺寸	每毛坯可制件数	每台件数
模锻	205mm×58.5mm×30mm	1	

设备名称	设备型号	设备编号	同时加工件数
平面磨床	M7120		1

夹具编号	夹具名称	切削液
	磨床夹具	3%～5% 乳化液

工位器具编号	工位器具名称	工序工时/min	
		准终	单件
			1

工艺装备

工步号	工步内容	主轴转速 /(r/min)	切削速度 /(m/min)	进给量 /(mm/min)	背吃刀量 /mm	进给次数	工步工时	
							机动	辅助
1	粗磨大头两端面，保证厚度尺寸 $16.2_{-0.027}^{0}$ mm	2000	942.5	5	0.04 (/0.2)	2		
2								

$16.2_{-0.027}^{0}$

				设计（日期）	校对（日期）	审核（日期）	标准化（日期）	会签（日期）

标记	处数	更改文件号	签字	日期	标记	处数	更改文件号	签字	日期

（续）

机械加工工序卡片

	产品型号		零件图号			共12页
	产品名称		零件名称	连杆		第9页

车间	工序号	工序名称	材料牌号
	150	粗磨大孔	20CrMnMo

毛坯种类	毛坯外形尺寸	每毛坯可制件数	每台件数	同时加工件数
模锻	205mm×58.5mm×30mm	1		1

设备名称	设备型号	设备编号	同时加工件数
内圆磨床	MBD2110A		1

夹具编号	夹具名称	切削液
	磨床夹具	3%～5%乳化液

工位器具编号	工位器具名称	工序工时/min
		准终 ／ 单件 1

$\phi37.8^{+0.039}_{0}$　160 ± 0.1

工步号	工步内容	工艺装备	主轴转速 /(r/min)	切削速度 /(m/s)	进给量 /(mm/min)	背吃刀量 /mm	进给次数	工步工时 机动	工步工时 辅助
1	粗磨大头圆柱孔 φ37.8$^{+0.039}_{0}$ mm 及（160±0.1）mm 至尺寸	内径百分表	8500	13.3	2	0.04	1		
2						（/0.2）			

	设计（日期）	校对（日期）	审核（日期）	标准化（日期）	会签（日期）
标记 处数 更改文件号 签字 日期					
标记 处数 更改文件号 签字 日期					

机械加工工序卡片

	产品型号		零件图号			（续）共12页
	产品名称		零件名称	连杆		第10页

车间	工序号	工序名称	材料牌号
	140	精铰小头圆柱孔	20CrMnMo

毛坯种类	毛坯外形尺寸	每毛坯可制件数	每台件数
模锻	205mm×58.5mm×30mm	1	

设备名称	设备型号	设备编号	同时加工件数
钻床	CA6140		1

夹具编号	夹具名称		切削液
	车床夹具		约10%乳化液

工位器具编号	工位器具名称	工序工时/min
		准终 ｜ 单件 3

工步内容示意图：

φ22$^{+0.021}_{0}$　　160±0.1

工步号	工步内容	工艺装备	主轴转速/(r/min)	切削速度/(m/min)	进给量/(mm/r)	背吃刀量/mm	进给次数	工步工时/min 机动	工步工时/min 辅助
1	精铰小头圆柱孔 φ22$^{+0.021}_{0}$mm 至尺寸	φ22H7 圆柱塞规	63	4.4	0.5	0.1	1		
2									

	设计(日期)	校对(日期)	审核(日期)	标准化(日期)	会签(日期)

标记	处数	更改文件号	签字	日期	标记	处数	更改文件号	签字	日期

（续）

机械加工工序卡片		产品型号		零件图号		共 12 页
		产品名称		零件名称	连杆	第 11 页

车间	工序号	工序名称	材料牌号
	170	精磨端面	20CrMnMo

毛坯种类	毛坯外形尺寸	每毛坯可制件数	每台件数
模锻	205mm×58.5mm ×30mm	1	

设备名称	设备型号	设备编号	同时加工件数
平面磨床	M7120		1

夹具编号	夹具名称	切削液
	磨床夹具	3%～5%乳化液

工位器具编号	工位器具名称	工序工时/min	
		准终	单件

160±0.1

16 0 -0.018

工步号	工步内容	工艺装备	主轴转速 /(r/min)	切削速度 /(m/min)	进给量 /(mm/min)	背吃刀量 /mm	进给次数	工步工时	
								机动	辅助
1	精磨大头两端面，保证厚度尺寸 $16_{-0.07}^{0}$ mm		2000	942.5	2	0.01	2		
2						（/0.1）	（/0.1）		

			设计（日期）	校对（日期）	审核（日期）	标准化（日期）	会签（日期）

标记	处数	更改文件号	签字	日期	标记	处数	更改文件号	签字	日期

机械加工工序卡片

产品型号		零件图号		（续）
产品名称		零件名称	连杆	共 12 页 第 12 页

车间	工序号	工序名称	材料牌号
	180	精磨大孔	20CrMnMo

毛坯种类	毛坯外形尺寸	每毛坯可制件数	每台件数
模锻	205mm×58.5mm×30mm	1	

设备名称	设备型号	设备编号	同时加工件数
内圆磨床	MBD2110A		1

夹具编号	夹具名称	切削液
	磨床夹具	3%～5% 乳化液

工位器具编号	工位器具名称	工序工时/min
		准终 　单件 2

工步号	工 步 内 容	工 艺 装 备	主轴转速/(r/min)	切削速度/(m/s)	进给量/(mm/min)	背吃刀量/mm	进给次数	工步工时 机动 辅助
1	精磨大头圆柱孔 $\phi 38^{+0.025}_{0}$ mm 至尺寸	内径百分表	8500	13.3	0.7	0.01 (/0.1)	1	
2								

$\phi 38^{-0.025}_{0}$

160±0.1

	设 计（日期）	校对（日期）	审核（日期）	标准化（日期）	会签（日期）
标记 处数 更改文件号 签字 日期					
标记 处数 更改文件号 签字 日 期					

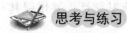思考与练习

1. 连杆由哪些部分组成？机械加工主要集中在哪些部分？批量生产时，主要采用哪些机械加工方法？

2. 加工连杆的主要困难在哪里？如何解决？

3. 加工连杆时，其端面方向的粗基准应该怎么选择？

4. 连杆加工中的精基准是采用哪些表面组合起来的？试说明该基准的选用如何体现了精基准的选择原则。

5. 编制图 2-7 所示拨叉零件的机械加工工艺规程（包括机械加工工艺过程卡及工序卡）。其中该零件为 2000 件/年。

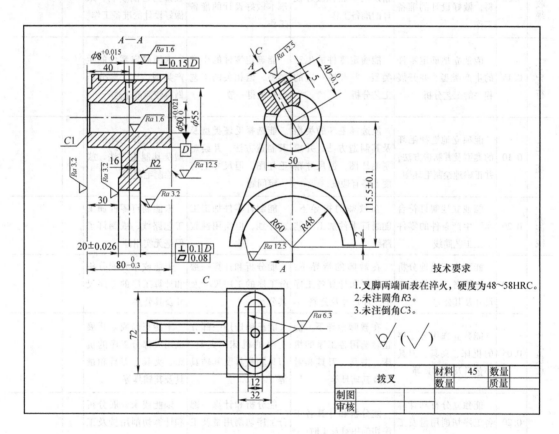

图 2-7　拨叉零件图样

该拨叉应用在某拖拉机变速箱的换挡机构中。拨叉头通过孔 $\phi30\text{mm}$ 套在变速叉轴上，并用销钉经 $\phi8\text{mm}$ 孔与变速叉轴联接，拨叉脚则夹在双联变换齿轮的槽中。变速时操纵变速杆，变速操纵机构就通过拨叉头部的操纵槽带动拨叉与变速叉轴一起滑移，拨叉脚拨动双联变换齿轮在花键轴上滑动以改变挡位，从而改变拖拉机的行驶速度。

拨叉在改换挡位时要承受弯曲应力和冲击载荷的作用，因此应具有足够的强度、刚度和韧性，以适应拨叉的工作条件。特此选用了 45 钢作为拨叉材料。

叉脚（$R48$）两端面在工作中需要承受冲击载荷和剧烈摩擦，为提高其韧性，并增强其表面的耐磨，该表面要求高频淬火处理，硬度为 $48 \sim 58HRC$。

评价与反馈

通过完成练习5任务后，进行自评、互评、教师评及综合评价（见表2-23）。

表2-23　拔叉机械加工工艺设计评分表

项目	权重	优秀 （90~100）	良好 （80~90）	及格 （60~80）	不及格 （<60）	评分	备　注
查阅收集	0.05	能根据课题任务，独立地查阅和收集资料，做好设计的准备工作	能查阅和收集教师指定的资料，做好设计的准备工作	能查阅和收集教师指定的大部分资料，基本做好设计的准备工作	未完成查阅和收集教师指定的资料，未做好设计的准备工作		
工艺分析	0.15	能独立地确定零件的生产类型，并开展相关的工艺分析	能确定零件的生产类型，并开展一定的工艺分析	能确定零件的生产类型，但相关的工艺分析做得一般	未能确定零件的生产类型，且工艺分析做得较差或未进行		
毛坯	0.10	能独立地选择毛坯的类型及其制造方法，并正确地绘制毛坯图	能选择毛坯的类型及其制造方法，并绘制毛坯图，但尺寸精度上略有瑕疵	能选择毛坯类型及其制造方法，并绘制毛坯图，但尺寸上有一定问题	未能选择毛坯的类型及其制造方法，或未绘制毛坯图		
工艺路线	0.20	能独立地制订符合实际生产条件的零件加工工艺路线	在教师的指导下，能制订零件加工工艺路线	能制订零件加工工艺路线，但实用性较差	未能制订零件加工工艺路线，或制订了但毫无实用性		
工序设计	0.10	能独立正确地分析和计算各工序的工序尺寸及其公差	在教师的指导下，能分析和计算各工序的工序尺寸及公差	能分析和计算一部分工序的工序尺寸及其公差	未能或未开展分析和计算工序的工序尺寸及其公差		
	0.05	能独立选用各工序的机床、夹具、刀具和量具及其辅具等	在教师指导下，能正确选用各工序的机床、夹具、刀具和量具及其辅具等	能正确选用一部分工序的机床、夹具、刀具和量具及其辅具等	未能正确选用或未开展选用大部分工序的机床、夹具、刀具和量具及其辅具等		
	0.20	能独立分析和计算各工序切削用量及工时	能分析和计算各工序切削用量及工时	能分析和计算一部分工序切削用量及工时	未能或未开展分析和计算切削用量及工时		
工艺卡及工序卡	0.10	能独立按有关标准格式的工艺卡片填写相应的内容、工艺数据和工艺图	在教师指导下，能按有关标准格式的工艺卡片填写相应的内容、工艺数据和工艺图	能按有关标准格式的工艺卡片填写基本正确的内容、工艺数据和工艺图	未能按有关标准格式的工艺卡片填写，或填写的内容、工艺数据和工艺图大部分不正确		
创新	0.05	有重大改进或独特见解，有一定实用价值	有一定改进或新颖的见解，实用性尚可	无创新，且实用价值较低	无创新，且无实用价值		

任务3　齿轮类零件机械加工工艺规程编制

学习目标

1. 了解齿轮的分类、特点及应用。
2. 能够对齿轮的结构进行工艺分析。
3. 能够根据齿轮类图样及工艺要求制订工艺路线。
4. 能够规范编写齿轮类零件的工艺规程。

任务描述

某企业接到一批如图 3-1 所示的减速器直齿圆柱齿轮生产订单，数量为 500 件，要求在一

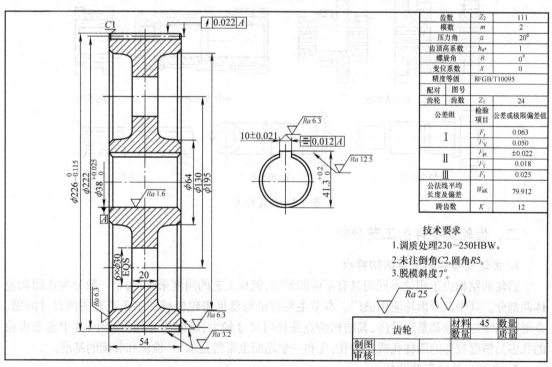

齿数	Z_2	111
模数	m	2
压力角	a	$20°$
齿顶高系数	h_a^*	1
螺旋角	$β$	$0°$
变位系数	X	0
精度等级	8FGB/T10095	

配对 齿轮	图号	
	齿数	Z_1 24

公差组	检验 项目	公差或极限偏差值
I	F_r	0.063
	F_V'	0.050
II	F_{pt}'	±0.022
	F_f'	0.018
III	F_f	0.025
公法线平均 长度及偏差	W_{aK}	79.912
跨齿数	K	12

技术要求

1. 调质处理230~250HBW。
2. 未注倒角C2，圆角R5。
3. 脱模斜度7°。

$\overline{\quad Ra25\quad}$（∨）

齿轮		材料	45	数量	
		数量		质量	
制图					
审核					

图 3-1　直齿圆柱齿轮

年内完成该零件的加工任务。生产部门接到任务后，组织技术人员编制该零件的机械加工工艺规程，编写机械加工工艺过程卡及工序卡，以指导工人进行生产，保证按质按量完成该任务。

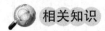 **任务分析**

齿轮是机械传动中应用极为广泛的零件之一，齿轮在机械传动中广泛用来传递运动和转矩。齿轮传动精度的高低，直接影响到整个机器的工作性能、承载能力和使用寿命。齿轮的主要加工表面有齿面、内孔、外圆、端面和沟槽等，其加工部位需要使用车床、拉床、刨床、滚齿机、插齿机、剃齿机、磨齿机等设备加工。

该零件的机械加工工艺规程编写方法与任务一相似，本任务的重点是能根据任务书的要求查阅有关手册，学会选择齿面及键槽的加工方法，难点是会选择齿轮加工及键槽加工时的切削用量及计算出工时定额。最后完成设计该零件的机械加工工艺过程及其各道工序内容，并按规范要求填写（及绘制）工艺文件。

相关知识

一、齿轮类零件的分类

齿轮类零件的种类很多，按照齿圈上轮齿的分布形式，可分为直齿、斜齿、人字齿轮；按照轮体的结构特点，常见的齿轮可分为盘形齿轮、套类齿轮、轴类齿轮、扇形齿轮和齿条等，如图 3-2 所示。

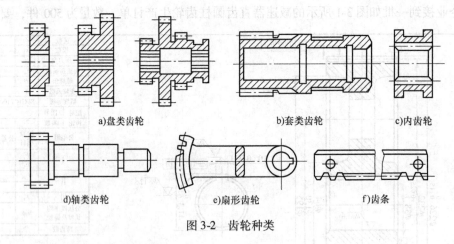

a)盘类齿轮　　　　　　　　　b)套类齿轮　　　　c)内齿轮

d)轴类齿轮　　　　　e)扇形齿轮　　　　f)齿条

图 3-2　齿轮种类

二、齿轮类零件的工艺分析

1. 齿轮类零件的主要结构特点

齿轮的结构由于用途不同而具有不同的形状,但从工艺的角度来讲,齿轮一般分为齿圈和轮体两部分。其中盘形齿轮应用最广。本节主要讨论与盘形齿轮机械加工工艺有关的设计问题。盘形齿轮零件一般都是回转体,其结构特点是径向尺寸较大,轴向尺寸相对较小;其中盘形齿轮的孔多为精度较高的圆柱孔或花键孔,孔和一个端面也常常是加工、检验和装配的基准。

2. 盘形齿轮的工艺分析

（1）齿轮类零件的主要技术要求

1）齿轮精度和公差组。齿轮精度等级分为 12 级，其中，1～2 级为超精密等级；3～5 级为高精度等级；6～8 级为中等精度等级；9～12 级为低精度等级；7 级为基础等级。各类机器所用齿轮传动的精度等级范围，见表 3-1。此外，按误差特性及其对传动性能的主要影响，还将齿轮的各项公差分成三个公差组，见表 3-2。

表 3-1　各类机器所用齿轮传动的精度等级范围

机器类型	精度等级	机器类型	精度等级
汽轮机	3～6	拖拉机	6～8
金属切削机床	3～8	通用减速器	6～8
航空发动机	4～8	锻压机床	6～9
轻型汽车	5～8	起重机	7～10
载重汽车	7～9	农用机器	8～11

表 3-2　圆柱齿轮的公差组

公差组	对传动性能的主要影响	公差与极限偏差项目
I	传递运动的准确性	F_i'，F_p，F_{pk}，F_i''，F_r，F_w
II	传递运动的平稳性	f_i'，f_i'''，f_f，$\pm f_{pt}$，$\pm f_{pb}$，$f_{f\beta}$
III	载荷分布的均匀性	F_β，F_b，$\pm F_{px}$

2）侧隙。齿轮副啮合时，两齿轮非工作齿面沿法线方向的距离，即法向侧隙。侧隙用以保证齿轮副的正常工作。加工齿轮时，一般用齿厚极限偏差来控制和保证齿轮副侧隙的大小。

3）齿轮基准表面的精度。齿轮基准表面的尺寸误差和几何误差直接影响齿轮与齿轮副的精度。技术要求可查阅机械加工工艺手册相关规定。

4）表面粗糙度。主要表面的表面粗糙度与齿轮的精度等级有关。6～8 级精度的齿轮，齿面表面粗糙度值为 $Ra0.8～3.2\mu m$，基准孔为 $Ra0.8～1.6\mu m$，基准轴颈为 $Ra0.4～1.6\mu m$，基准端面为 $Ra1.6～3.2\mu m$，齿顶圆柱面为 $Ra3.2\mu m$。具体要求可查阅机械加工工艺手册相关规定。

5）齿轮传动。常见齿轮传动的类型如图 3-3 所示。根据齿轮的使用条件，齿轮传动应满足以下要求。

①传递运动准确性。要求齿轮能准确地传递运动，传动比恒定，即要求齿轮一转中的转角误差不超过一定范围。

②传动运动平稳性。要求传动运动平稳，即要求减小齿轮传递运动中的冲击、振动和噪声。

③载荷分布均匀性。要求齿轮工作时齿面接触要均匀，保证有一定的接触面积和符合要求的接触位置，从而使齿轮在传递动力时，不致因载荷分布不均匀而导致接触应力过大，引起齿面过早磨损。

④传动侧隙合理性。要求齿轮工作时，非工作齿面间留有一定的间隙，以储存润滑油，补偿因温度、弹性变形所引起的尺寸变化和加工、装配时的一些误差。

（2）齿轮类零件的材料与毛坯

1）材料。齿轮材料的选择对齿轮的加工性能和使用寿命都有直接的影响。常用零件材料的有 15 钢、45 钢；对于低速重载的传力齿轮，齿面受压产生塑性变形和磨损，且轮齿易折断，应选择机械强度、硬度等综合力学性能好的材料，如 18CrMnTi；线速度高的传力齿轮，齿面容易产生疲劳点蚀，可用 38CrMoAl 氮化钢；承受冲击载荷的传力齿轮，应选择韧

a)直齿圆柱齿轮传动　　b)斜齿圆柱齿轮传动　　c)人字圆柱齿轮传动　　d)螺旋齿轮传动

e)蜗杆传动　　f)内啮合齿轮传动　　g)齿轮齿条传动　　h)直齿锥齿轮传动

图3-3　常见齿轮传动的类型

性好的材料，如低碳合金钢18CrMnTi；非传力齿轮可选用不淬火钢、铸铁及夹布胶木、尼龙等非金属材料；一般用途的齿轮均可用中碳钢和低碳合金结构钢，如20Cr、40Cr、20CrMnTi等材料。

2）毛坯。齿轮毛坯形式主要有棒料、锻件和铸件。棒料用于小尺寸、结构简单且对强度要求不高的齿轮；当齿轮应用在强度高、耐磨损、耐冲击的场合时常选择锻件毛坯；当齿轮的直径大于400~600mm时常选用铸件毛坯。

（3）定位基准的选择　正确选择齿轮的定位基准和安装方式，对齿轮的制造精度有着重要的影响。齿轮定位基准的选择常因齿轮的结构形状不同，而有所差异。

1）小直径的轴齿轮，可采用两端中心孔或锥体作为定位基准，符合基准统一原则；大直径的轴齿轮，通常用轴颈和一个较大的端面组合定位，符合基准重合原则。

2）带孔齿轮在加工齿面时常采用以下两种安装方式：

①内孔和端面定位。即以工件内孔和端面联合定位，确定齿轮中心和轴向位置。选择内孔和端面作为定位基准，既是设计基准又是测量基准，以及装配基准，既符合基准重合原则，又能使以后各工序的基准统一。使用心轴装夹时，不需找正，定位、测量和装配的基准重合，定位精度高，生产效率高，但对夹具的制造精度要求较高。主要适用于产量较大、质量要求稳定的批量生产。

②外圆和端面定位。若齿轮坯件两端面对孔的轴线都有较高的垂直度要求，或要求两端面有较高的平行度而又不能在一次装夹中加工出孔和两端面，则可在第一次装夹中车好一个端面、内孔及外圆，然后调头，用已加工好的外圆作基准找正加工另一端面。这种装夹方法找正费时，效率低，但不需专用心轴，故适用于单件小批量生产。

当工件批量较大时，为节省找正时间并使工件获得准确定位，可在自定心卡盘上采用软卡爪装夹。装夹前先将卡爪定位支承面精车一刀，使工件已加工好的端面紧靠在定位支承面上，再夹紧已加工好的外圆，这样加工出来的端面与轴线的垂直度及两端面的平行度都较高。

（4）加工工序安排　齿轮的加工过程可分为齿坯加工与齿形加工。齿形加工之前的齿轮加工过程称为齿坯加工。齿坯的内孔、端面、轴颈或齿顶圆经常用作齿轮加工、测量和装配的基准，齿坯的精度对齿轮的加工精度有重要的影响。齿坯加工主要包括齿坯的孔、端面和中心孔（对于轴齿轮）以及齿圈外圆和端面的加工。

对于轴齿轮和套筒齿轮的齿坯，其加工过程和一般的轴、套类零件基本相同；盘类齿轮齿坯的加工工艺方案主要取决于齿轮的轮体结构和生产类型。

1）大批量生产的齿坯加工　大批量加工中等尺寸的齿轮齿坯时，采用钻—扩—拉—多刀车的工艺方案。主要以毛坯外圆及端面定位进行钻孔或扩孔；在拉床上以端面支承拉孔；以孔定位在多刀半自动车床上，粗、精车外圆、端面、槽及倒角等。这种工艺方案采用高效机床组成流水线或自动生产线，生产效率高。

2）成批生产的齿坯加工　成批生产的齿坯加工时，常采用车—拉—车的工艺方案。主要以齿坯外圆或轮毂定位，粗车外圆、端面和内孔；以端面支承拉孔；以孔定位精车外圆及端面等。这种工艺方案可由卧式车床或转塔车床及拉床实现，加工质量稳定，生产效率较高。

3）单件小批生产的齿坯加工　单件小批生产齿坯时，一般齿坯的孔、端面及外圆的粗、精加工都在通用车床上完成。但应使基准孔和端面的精加工在一次装夹中完成，以保证相互位置精度要求。

4）齿形加工　齿圈的齿形加工是整个齿轮加工的核心，齿形加工方案的选择，主要取决于齿轮的精度等级、结构形状、生产类型和齿轮的热处理方法及生产工厂的现有条件，常用的齿形加工方法主要有滚齿、插齿、剃齿、磨齿等。一般来说，粗加工选择滚齿或插齿，可大批量加工成本低，效率高，可加工 8 级 9 级齿轮，刨齿和铣齿效率低。精加工时选择磨齿加工精度高，成本也高，可加工 5 级齿轮，效率比剃齿要低点；而剃齿效率高，成本低，精度比磨齿差点，可加工 6 级 7 级齿轮。

（5）热处理工序的安排

齿轮加工中，根据不同的目的要求需要安排两种热处理工序。

1）齿坯热处理。在齿坯加工前后安排预先热处理，其主要目的是消除毛坯制造过程中或粗加工中产生的内应力，改善材料的切削性能，提高材料的综合力学性能，保证表面质量。齿坯常用的热处理方法有正火和调质。正火安排在粗车前，调质一般安排在齿坯粗加工以后。如果调质作为最终热处理可以安排在粗加工之前。

调质：由于硬度不太高，韧性也好，不能用于大冲击载荷下工作，只适用于低速、中载的齿轮，一对调质齿轮的小齿轮面硬度要比大齿面硬度高出 25 ~ 40HBW。

2）齿面热处理。齿形加工完毕后，为提高齿面的硬度和耐磨性，常进行高频感应加热淬火、渗碳淬火、渗氮和碳氮共渗等热处理工序。

①高频感应加热淬火。高频感应加热淬火，是指采用高频电磁感应加热装置迅速将齿面温度加热到淬火温度，然后快速冷却，使齿面淬硬的热处理方法。齿面高频感应加热淬火的变形比其他淬火方法小。当齿轮模数 $m \leqslant 6$mm 时，可用整体式感应器将全部齿面一次加热淬火；当模数 $m \geqslant 8$mm 时，可用单齿式感应器逐齿分次加热淬火。

②渗碳淬火。齿面渗碳的齿轮一般采用整体淬火，渗碳层深度与齿轮模数有关。渗碳层太薄，容易引起表面疲劳剥落；渗碳层太厚，轮齿承受冲击的性能变坏。渗碳层厚度一般为 1/6 ~ 1/5 分度圆弦齿厚。渗碳淬火后的齿轮变形较大，因此高精度齿轮渗碳淬火后还需进行磨齿加工；精度较低、淬火后不需精加工齿形的齿轮，可根据热处理变形量预先调整齿形切削加工余量补偿。

③渗氮。高速齿轮和要求热处理变形极小的中小模数齿轮，常采用渗氮效果好的钢（如38CrMoAl）制造并对齿面进行渗氮处理。经渗氮处理的齿轮，其耐磨性及抗疲劳强度都很高。

④火焰淬火。对大模数、大直径的齿轮或受热处理设备限制施工困难的齿轮，可采用氧-乙炔火焰表面淬火。由于氧-乙炔火焰的温度极高，加热齿面时可很快达到淬火温度，随即将水或乳化液喷射到已加热的齿面上急冷，即能达到将齿面淬硬的目的。火焰淬火的齿面硬度不容易控制均匀，但对于缺少热处理设备的小型机修企业或齿面淬硬层要求不高的齿轮，这种方法仍具有实用意义。

3. 切削用量选择

滚齿时应根据机床-夹具-工件系统、刀具系统的刚性及生产率等因素确定其切削用量的选择。粗加工时可以采用较小的切削速度，较大的进给量；精度高、模数小、工件材料较硬的齿轮加工，应采用高切削速度、小进给量；对于大螺旋角或大直径的齿轮滚齿应适当降低切削速度和进给量，具体见表3-3和表3-4。

表3-3 滚齿切削用量（单头滚刀）

模数/mm	切削用量	
	切削速度 v_c/（m/min）	轴向进给量 f_a/（mm/r）
≤10	30 ~ 40	1.5 ~ 2.8
链轮	25 ~ 35	1.2 ~ 2

表3-4 背吃刀量（进给次数）

模数/mm	进给次数	余量分配
≤3	1	切至全齿深
<3 ~ 8	2	第一次留精滚余量0.5 ~ 1mm，第二次切至全齿深，第一次需要滚削全齿长
>8（链轮）	3	第一次切去1.4 ~ 1.6mm，第二次留精滚余量0.5 ~ 1mm，第三次切至全齿深

 任务实施

按图3-1所示的任务要求，编制减速器直齿圆柱齿轮机械加工工艺过程卡及工序卡。

一、确定齿轮的生产类型

齿轮的年产量为500件/年。结合生产实际，备品率 $a\%$ 和废品率 $b\%$ 分别取4%和0.5%。代入生产纲领公式

$$N = Q(1 + a\%)(1 + b\%)$$

$$N = 500 \times (1 + 4\%) \times (1 + 0.5\%) \approx 523 \text{件/年}$$

根据图3-1所示的齿轮零件尺寸及材料的密度，可以确定零件重量约为10kg。

依据上述的生产纲领及零件的重量，查表1-4可知生产类型为中批生产。加工过程应划分阶段。工序适当集中，加工设备以通用设备为主，并采专用工装。这样安排可使生产准备工作投资较少，生产效率较高，且转产容易。

二、齿轮的工艺分析

1. 分析齿轮的结构

如图3-1所示，该零件为带孔的盘形直齿圆柱齿轮。主要由端面、齿轮内孔、内孔键槽

和轮齿等部分组成，齿面为其主要工作表面。

2. 齿轮的主要加工表面及技术要求

（1）齿轮内孔　齿轮内孔孔径 $\phi38^{+0.025}_{0}$ mm，表面粗糙度为 $Ra1.6\mu$m

（2）齿面　该齿轮的三个公差组精度等级都为 8 级，其齿厚上偏差为 -0.08mm，齿厚下偏差为 -0.16mm，表面粗糙度为 $Ra3.2\mu$m。齿顶圆直径为 $\phi226^{0}_{-0.115}$ mm，表面粗糙度为 $Ra3.2\mu$m，圆跳动公差值为 0.022mm。分度圆直径为 $\phi222$mm。

（3）键槽　槽底表面粗糙度为 $Ra12.5\mu$m，两侧为 $Ra6.3\mu$m，槽宽为 (10 ± 0.021)mm。

3. 分析齿轮的工艺性

1）通过分析齿轮零件的结构可知，该齿轮结构较为简单，尺寸不大，而且材料为 45 钢，因此该齿轮具有良好的锻造工艺性。

2）通过分析齿轮的主要加工表面及技术要求可知，该齿轮可以采用工件内孔和端面联合定位，确定齿轮中心和轴向位置，并采用面向定位端面的夹紧方式。这种方式可使定位基准、设计基准、装配基准和测量基准重合，定位精度高。因此，该齿轮具有良好的切削工艺性。

三、确定齿轮的材料及其毛坯

1. 确定齿轮的材料

齿轮的材料为 45 钢。

2. 确定齿轮的毛坯

考虑到减速器齿轮零件在工作过程中经常承受冲击载荷，因此应该选用锻件，以使金属纤维尽量不被切断，保证零件工作可靠。由于零件年产量为 523 件，属于中批生产，而且零件的轮廓尺寸不大，故可采用模锻成形。

四、选择定位基准

该零件粗基准采用锻件的毛坯外圆。用自定心卡盘反爪装夹锻件的毛坯外圆，粗车外圆、端面、粗车孔、倒角；然后调头装夹，粗车另一端外圆、端面、倒角、半精车内孔。加工精基准（铰削内孔），以内孔为精基准加工齿面与齿形。

五、拟订齿轮的机械加工工艺路线

1. 各加工表面的加工方法

为了保证加工表面的精度和表面粗糙度要求，同时考虑生产率和经济性的要求，选择各表面的加工方案如下：

（1）齿轮内孔 $\phi38^{+0.025}_{0}$ mm　粗车孔（IT12，$Ra12.5\mu$m）→半精车（IT9，$Ra3.2\mu$m）→铰孔（IT7，$Ra1.6\mu$m）。

（2）齿顶圆 $\phi226^{0}_{-0.115}$ mm　粗车（IT12，$Ra12.5\mu$m）→半精车（IT9，$Ra3.2\mu$m）。

（3）两端面　粗车（$Ra12.5\mu$m）→半精车（$Ra6.3\mu$m）。

（4）键槽　插削（IT9，$Ra6.3\mu$m）。

（5）齿面　滚齿（IT8，$Ra3.2\mu$m）。

2. 拟订零件的工艺路线方案

由于齿轮各加工表面的加工方法已确定，按照"先粗后精、基准先行和先面后孔"的原则。制订工艺路线如下：下料→锻造→调质→粗车端面、齿顶圆及内孔、半精车内孔→铰内孔→半精车齿顶圆和端面→插削键槽→滚齿→终检。齿轮加工工序见表3-5。

表 3-5　齿轮加工工序

序号	名　称	主要内容	备　注
10	下料		
20	模锻		
30	调质		200~350HBW
40	粗车、半精车、铰	粗车端面、齿顶圆、粗车孔、倒角 粗车另一端面、齿顶圆、半精车内孔、倒角、铰内孔	反爪自定心卡盘装夹锻件的毛坯外圆
50	半精车	半精车齿顶圆和端面	以内孔为精基准，用心轴装夹
60	插	插键槽	专用夹具装夹
70	钳工	去毛刺	
80	滚齿	滚齿	以内孔为精基准
90	钳工	去毛刺	
100	终检		

六、选择加工设备及工艺装备

1. 选择各工序所用的机床

该零件的加工表面通常除了齿坯的外圆柱面、端面及内孔外，还有键槽及齿形等，精度为 IT7~IT9，表面粗糙度为 $Ra1.6~Ra6.3\mu m$。该零件加工部位需要使用 CA6140 卧式车床、Y3150 滚齿机、B5032 插床等设备加工。

2. 选择各工序所用的工艺装备

根据齿轮的形状、批量及加工要求可以选择自定心卡盘、心轴等通用夹具及专用夹具等。

刀具选择常用的 90°、75°外圆车刀、45°端面车刀、内孔车刀、$\phi38^{+0.016}_{+0.008}$mm 铰刀加工齿坯，选择单头、右旋齿轮滚刀加工齿形，选择高速钢组合式圆柄插刀加工键槽。

七、工序尺寸及其偏差的确定

1. 确定齿顶圆的各个工序尺寸

由表1-9可知，加工方法为粗车→半精车。按"入体原则"计算各工序尺寸及偏差见表3-6。

表 3-6　$\phi226h9$ 外圆各工序的工序尺寸及其偏差

工序名称	双边工序余量/mm	工序的经济精度	工序尺寸/mm	工序尺寸、偏差(/mm)和表面粗糙度值
半精车	2	h9	226	$\phi226^{0}_{-0.115}$，$Ra3.2\mu m$
粗车	4	h11	226+2=228	$\phi228^{0}_{-0.290}$，$Ra12.5\mu m$
毛坯	6		228+4=232	$\phi232$

2. 确定齿轮内孔的各个工序尺寸

由表1-9可知，加工方法为粗车孔→半精车孔→铰孔。按"入体原则"计算各工序尺寸及偏差见表3-7。

表3-7 $\phi38H7$ 内孔各工序的工序尺寸及其偏差

工序名称	双边工序余量/mm	工序的经济精度	工序尺寸/mm	工序尺寸、偏差(/mm)和表面粗糙度值
铰	0.2	H7	38	$\phi38^{+0.025}_{0}$，$Ra1.6\mu m$
半精车	1.2	H9	37.8	$\phi37.8^{+0.062}_{0}$，$Ra3.2\mu m$
粗车	2.6	H11	36.6	$\phi36.6^{+0.16}_{0}$，$Ra12.5\mu m$
毛坯	4		34	$\phi34$

3. 确定齿轮端面的各个工序尺寸

齿轮零件的齿宽尺寸为54mm，表面粗糙度值为 $Ra6.3\mu m$，加工顺序为粗车—半精车，加工总余量为6mm。加工时应注意粗车第一面时，车去毛坯面即可，余量留到另一面加工，以确保尺寸要求。

4. 确定内孔键槽的工序尺寸

键槽的工序尺寸宽为 (10 ± 0.021)mm，深为 $H=41.3\text{mm}-38\text{mm}=3.3\text{mm}$，选择插槽刀的宽度等于键槽宽度，经多次进给加工至槽深尺寸，即可满足要求。

5. 确定齿面的工序尺寸

齿面的加工方法为滚齿（IT8，$Ra3.2\mu m$）。由表3-5可知，该齿轮齿面经一次进给（轴向进给）即可切至全齿深。

6. 确定锻件图

根据齿轮毛坯的制造工艺和公差等级，确定各表面的锻件机械加工余量，由以上各工序尺寸得图3-4所示齿轮锻件图（其中 $6\times\phi30$mm 孔直接锻造至尺寸）

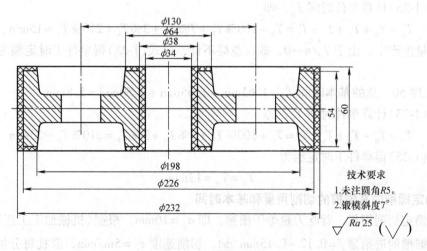

图3-4 齿轮锻件图

八、确定各工序的切削用量和基本时间

1. 确定车削各工序的切削用量和基本时间

（1）切削用量　根据车削各表面加工余量确定背吃刀量 a_p。通过《机械加工工艺手册》及加工零件的实际情况取 f。查表 1-10 选取切削速度 v_c。主轴转速 n 由关系式得 $n = \dfrac{1000v_c}{\pi d}$ 计算，根据 CA6140 型卧式车床主传动系统的转速分布图选取 n'（r/min）。然后由实际转速计算实际切削速度 $v_c' = \pi dn'/1000$（m/min），求出基本时间，计算公式为 $T_b = \dfrac{L}{fn}i$。具体数据参考表 3-8。

表 3-8　粗加工和半精加工的各道工序的切削用量

	工序名称	a_p /mm	f /(mm/r)	v_c /(m/min)	D/d /mm	n /(r/min)	n' /(r/min)	v_c' /(m/min)	T_b /min
40	粗车一端面	2	0.3	70	232	96.09	100	72.848	1.1
	粗车一端齿顶圆	2	0.3	70	232	96.09	100	72.848	1.4
	粗车另一端面	2	0.3	70	232	96.09	100	72.848	1.1
	粗车另一端齿顶圆	2	0.3	70	232	96.09	100	72.848	0.73
	粗车内孔	1.3	0.2	50	36.6	435.07	500	57.462	0.60
	半精车内孔	0.6	0.15	90	37.8	758.27	710	84.271	0.54
	铰孔	0.1	1	5	38	41.9	40	4.77	1.50
50	半精车一端面	1	0.15	90	228	125.71	125	89.49	1.65
	半精车另一端面	1	0.15	90	228	125.71	125	89.49	1.65
	半精车齿顶圆	1	0.15	90	228	125.71	125	89.49	2.50

（2）计算工时定额

1）工序 40　总的基本时间 $T_b = (1.1 + 1.4 + 1.1 + 0.73 + 0.60 + 0.54 + 1.50)\text{min} = 6.97\text{min}$

由式（1-23）计算单件时间 T_p，即

$$T_p = T_b + T_a + T_s + T_r = T_b + 100\% T_b + 7\% T_b + 3\% T_b = 210\% T_b \approx 15\text{min}$$

在批量生产中，由于 $T_e/n \approx 0$，故常忽略不计，由式（1-25）得单件工时定额为 $T_0 = T_p = 15\text{min}$

2）工序 50　总的基本时间 $T_b = 1.65\text{min} + 1.65\text{min} + 2.50\text{min} = 5.8\text{min}$

由式（1-23）计算单件时间 T_p，即

$$T_p = T_b + T_a + T_s + T_r = T_b + 100\% T_b + 7\% T_b + 3\% T_b = 210\% T_b \approx 13\text{min}$$

由式（1-25）得单件工时定额为

$$T_0 = T_p = 13\text{min}$$

2. 确定插削内孔键槽的切削用量和基本时间

（1）确定切削用量　背吃刀量等于槽宽，即 $a_p = 10\text{mm}$，根据《机械加工工艺手册》查得插削内孔键槽的进给量 $f = 0.12 \sim 0.15\text{mm/dst}$，切削速度 $v_c = 5\text{m/min}$，滑枕每分钟的双行程次数

$$n_d = \frac{1000 v_c}{L(1+k)}$$

式中，$k = 0.8$，$L = l + l_4 + l_5$，$l = 54\text{mm}$，行程超出长度 $l_4 + l_5 = 35\text{mm}$。所以 $L = 54\text{mm} + 35\text{mm} = 89\text{mm}$。

故

$$n_d = \frac{1000 \times 5\text{m/min}}{89\text{mm} \times (1 + 0.8)} = 31.21 \text{ 次/min}$$

根据机床的实际转速查得插床 B5032 滑枕每分钟的实际双行程次数为 32 次/min。而实际切削速度 $v_c' = \frac{32 \times 89 \times 1.8}{1000} = 5.13\text{m/min}$。

（2）确定工时定额　插削键槽基本时间为

$$T_b = \frac{H}{f n_d} = \frac{3.3\text{mm}}{0.12\text{mm/dst} \times 32 \text{ 次/min}} = 0.86\text{min}。$$

由式（1-23）计算单件时间 T_p，即

$$T_p = T_b + T_a + T_s + T_r = T_b + 200\% T_b + 7\% T_b + 3\% T_b = 310\% T_b \approx 3\text{min}$$

其中，因基本时间少，所以插削键槽时辅助时间 T_a 取 $200\% T_b$。

在批量生产中，由于 $T_e/n \approx 0$，故常忽略不计，由式（1-25）得单件工时定额为

$$T_0 = T_p = 3\text{min}$$

3. 确定滚制齿面的切削用量和基本时间

（1）确定切削用量　滚齿工序采用一次进给切至全齿深，所以背吃刀量 $a_p = 2.25m = 4.5\text{mm}$。根据《机械加工工艺手册》及表 3-2 选滚刀轴向进给量 $f_a = 1.5\text{mm/r}$，滚刀切削速度取 $v_c = 30\text{m/min}$。滚刀转速 $n = \frac{1000 v_c}{\pi d} = \frac{1000 \times 30\text{m/min}}{3.14 \times 71\text{mm}} = 134.6\text{r/min}$，（$d$ 为滚刀直径，取 $d = 71\text{mm}$）。按滚齿机床 Y3150 的实际转数取接近的滚刀转速 $n_0 = 125\text{r/min}$。则实际切削速度 $v_c = 3.14 \times 71\text{mm} \times 125\text{r/min}/1000 = 27.9\text{m/min}$。

（2）确定工时定额　根据《机械加工工艺手册》查得

滚齿基本时间的计算公式为

$$T_b = \frac{(b + l_1 + l_2)Z}{n_0 f_a K}$$

式中，滚刀切入长度 $l_1 = \sqrt{a_p(d - a_p)}/\cos\delta = l_1 = [\sqrt{4.5 \times (71 - 4.5)}/1]\text{mm} = 17.3\text{mm}$，$\delta$ 为刀架安装角，$\delta = 0°$。滚刀切出长度 $l_2 = 3m\tan\delta + (3 \sim 5) = 3 \sim 5\text{mm}$，取 $l_2 = 3\text{mm}$，b 为齿轮宽度，K 为滚刀头数。Z 为齿数，$Z = 111$。所以滚齿基本时间为

$$T_b = \frac{(b + l_1 + l_2)Z}{n_0 f_a K} = T_b = \frac{(54 + 17.3 + 3) \times 111}{125 \times 1.5 \times 1}\text{min} = 44\text{min}。$$

由式（1-23）计算单件时间 T_p，即

$$T_p = T_b + T_a + T_s + T_r = T_b + 20\% T_b + 7\% T_b + 3\% T_b = 130\% T_b \approx 58\text{min}$$

其中，因基本时间多，故滚齿时辅助时间 T_a 取 $20\% T_b$。

在批量生产中，由于 $T_e/n \approx 0$，故常忽略不计，由式（1-25）得单件工时定额为

$$T_0 = T_p = 58\text{min}$$

九、编制齿轮的机械加工工艺卡及其工序卡

1. 齿轮的机械加工工艺卡（见表3-9）

表3-9 齿轮的机械加工工艺过程卡

（单位名称）	加工工艺卡	产品名称	减速机齿轮	图号		第　页
		零件名称	齿轮			共　页
材料种类	45	材料成分		毛坯尺寸		

工序号	工作内容	车间	设备	夹具	量具	刀具	计划工时	实际工时
10	下料							
20	模锻		模锻锤					
30	调质（200～350HBW）		箱式炉					
40	粗车、半精车、铰		CA6140卧式车床	自定心卡盘	游标卡尺 $\phi38$mm 塞规	75°外圆车刀、45°端面车刀、内孔车刀、$\phi38^{+0.016}_{+0.008}$ mm 硬质合金铰刀	15	
50	半精车齿顶圆和端面		CA6140卧式车床	心轴	游标卡尺	75°外圆车刀、45°端面车刀	13	
60	插		B5032插床	专用夹具	样板卡规	高速钢组合式圆柄插刀	3	
70	钳工（去毛刺）							
80	滚齿		Y3150滚齿机	专用夹具	公法线千分尺	单头、右旋齿轮滚刀	58	
90	钳工（去毛刺）							
100	按图样要求检查							
更改号					拟订	校正	审核	批准
更改者								
日期								

2. 齿轮的机械加工工序卡（见表 3-10）

表 3-10　齿轮的机械加工工序卡

工序卡片	产品型号		零件图号					
	产品名称	减速器	零件名称	齿轮	共	页	第 1	页

ϕ232
ϕ226
ϕ198
ϕ34
ϕ38
ϕ64
ϕ130
54
60
技术要求
1.未注圆角R5。
2.锻模斜度7°
Ra 25

车间	工序号	工序名称	材料牌号
	20	锻造	45
毛坯种类	毛坯外形	每毛坯可制件数	每台件数
锻件	ϕ232mm×60mm	1	
设备名称	设备型号	设备编号	同时加工件数
模锻锤			1
夹具编号	夹具名称		切削液
工位器具编号	工位器具名称		工序工时/min（准终） / 工序工时/min（单件）

工步号	工步内容	工艺装备	主轴转速/(r/min)	切削速度/(m/min)	进给量/(mm/r)	背吃刀量/mm	进给次数	工步工时（机动）	工步工时（辅助）
1	锻造	模锻							
		设计（日期）	校对（日期）	审核（日期）	标准化（日期）	会签（日期）			

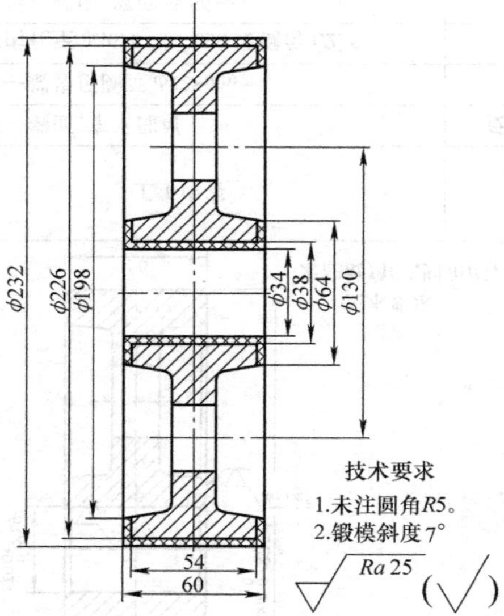

（续）

工序卡片

	产品型号		零件图号		
	产品名称		零件名称	转轴	共 页 第 2 页

减速器	车间	工序号 40	工序名称 车削、铰孔	材料牌号 45
毛坯种类 锻件	毛坯外形 φ232mm×60mm	每毛坯可制件数 1	每台件数	同时加工件数 1
设备名称 车床	设备型号 CA6140	设备编号		切削液
夹具编号	夹具名称 自定心卡盘	工位器具编号	工位器具名称	
		0～300mm 的游标卡尺		工序工时/min 准终 单件 15

技术要求
未注倒角 C3，圆角 R5。

工步号	工步内容	工艺装备	主轴转速 /(r/min)	切削速度 /(m/min)	进给量 /(mm/r)	背吃刀量 /mm	进给次数	工步工时/min 机动	辅助
1	粗车一端面，车平即可	反爪装夹	100	72.848	0.3	2	1	1.1	
2	粗车一端齿顶圆至 φ228mm		100	72.848	0.3	2	1	1.4	
3	粗车内孔至 φ36.6$^{+0.16}_{0}$ mm 及倒角 C2.5		500	57.462	0.2	1.3	1	0.60	
4	粗车另一端面，宽度至 56mm	调头反爪装夹	100	72.848	0.3	2	1	1.1	
5	粗车另一端齿顶圆至 φ228mm		100	72.848	0.3	2	1	0.73	
6	半精车内孔至 37.8$^{+0.062}_{0}$ mm 及倒角 C2.5		710	84.271	0.15	0.6	1	0.54	
7	铰孔至尺寸		40	4.77	1	0.1	1	1.50	

	设计 （日期）	校对 （日期）	审核 （日期）	标准化 （日期）	会签 （日期）

工步号	工步内容	工艺装备	主轴转速/(r/min)	切削速度/(m/min)	进给量/(mm/r)	背吃刀量/mm	进给次数	工步工时/min 机动	工步工时/min 辅助
1	半精车一端面	心轴	125	89.49	0.15	1	1	1.65	
2	半精车另一端面至尺寸		125	89.49	0.15	1	1	1.65	
3	半精车齿顶圆至尺寸		125	89.49	0.15	1	1	2.50	

工序卡片

（续）　共　页　第 4 页

产品型号		零件图号	
产品名称		零件名称	

车间	工序号 60	工序名称 插削内孔键槽	材料牌号 45
毛坯种类 锻件	毛坯外形 φ232mm×60mm	每毛坯可制件数	每台件数
设备名称 插床	设备型号 B5032	设备编号	同时加工件数 1
夹具编号	夹具名称 专用夹具		切削液
工位器具编号	工位器具名称		内径千分尺

	工序工时/min
	准终	单件 3

$\phi 38^{+0.025}_{0}$　10 ± 0.021　$41.3^{+0.2}_{0}$
Ra 6.3　Ra 12.5　⟂ 0.012 A

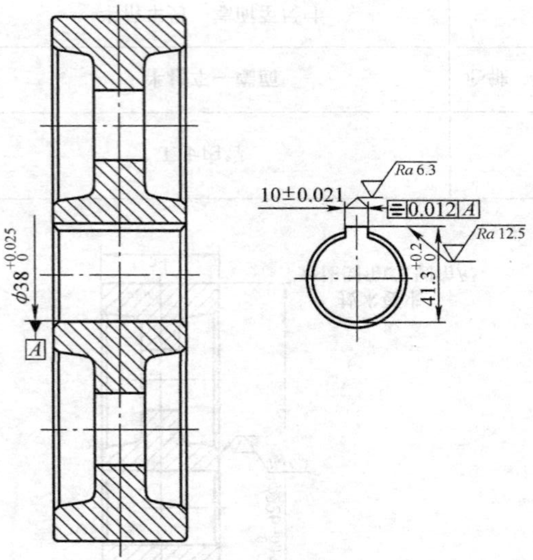

工步号	工步内容	工艺装备	主轴转速/(次/min)	切削速度/(m/min)	进给量/(mm/dst)	背吃刀量/mm	进给次数	工步工时/min	
								机动	辅助
1	插削内孔键槽至尺寸	高速钢组合式圆柄插刀	32	5.13	0.12	3.3	1		0.86

设计	校对	审核	标准化	会签
（日期）	（日期）	（日期）	（日期）	（日期）

（续）

工序卡片	产品型号		零件图号			
	产品名称	减速器	零件名称	转轴	共　页	第 5 页

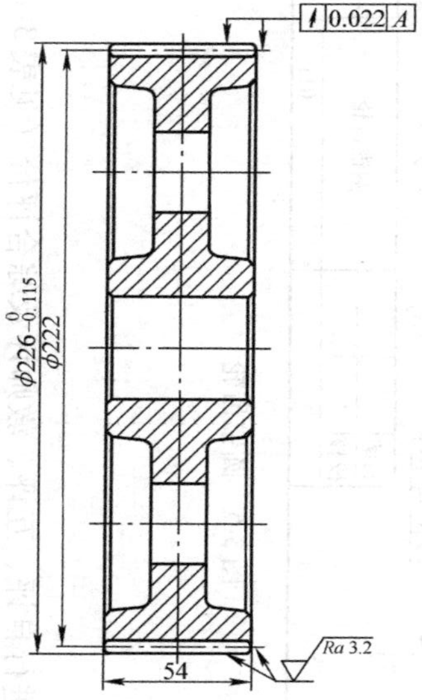

车间	工序号	工序名称	材料牌号
	80	滚制齿面	45
毛坯种类	毛坯外形	每毛坯可制件数	每台件数
锻件	ϕ232mm×60mm	1	
设备名称	设备型号	设备编号	同时加工件数
滚齿机	Y3150		1
夹具编号	夹具名称		切削液
	专用夹具		
工位器具编号	工位器具名称	工序工时/min 准终	工序工时/min 单件
	分度值为 0.01mm，测量范围为 75～100mm 的公法线千分尺		58

工步号	工步内容	工艺装备	主轴转速/(r/min)	切削速度/(m/min)	进给量/(mm/r)	背吃刀量/mm	进给次数	工步工时 机动	工步工时 辅助
1	滚制齿面至尺寸	A级Ⅱ型整体齿轮滚刀	125	27.9	1.5	4.5	1	44	
		设计（日期）	校对（日期）	审核（日期）	标准化（日期）	会签（日期）			

思考与练习

1. 齿轮是如何分类的？

2. 常用齿轮类零件的材料有哪些？

3. 如何选择齿轮类零件的毛坯类型？

4. 如何正确选择齿轮的定位基准和装夹方式？

5. 轴齿轮和套筒齿轮的齿坯与盘类齿轮齿坯的加工顺序有何不同？

6. 齿轮加工中的热处理工序是如何安排的？

7. 对不同精度的齿轮其齿形加工方案如何选择？

8. 编制图 3-5 所示圆锥齿轮的机械加工工艺规程（包括机械加工工艺过程卡及工序卡）。其中零件数量为 5000 件。

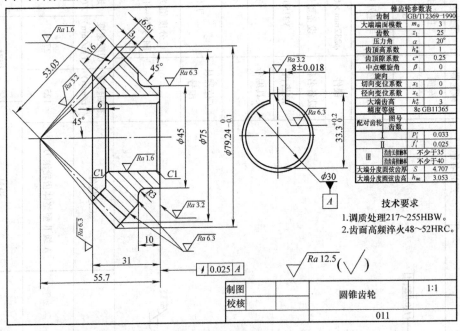

图 3-5　圆锥齿轮

 评价与反馈

通过完成练习 8 任务后，进行自评、互评、教师评及综合评价（见表 3-11）。

表 3-11　圆锥齿轮零件机械加工工艺设计评分表

项目	权重	优秀 (90~100)	良好 (80~90)	及格 (60~80)	不及格 (<60)	评分	备注
查阅收集	0.05	能根据课题任务，独立地查阅和收集资料，做好设计的准备工作	能查阅和收集教师指定的资料，做好设计的准备工作	能查阅和收集教师指定的大部分资料，基本做好设计的准备工作	未完成查阅和收集教师指定的资料，未做好设计的准备工作		

（续）

项目	权重	优秀 (90～100)	良好 (80～90)	及格 (60～80)	不及格 (＜60)	评分	备注
工艺分析	0.15	能独立地确定零件的生产类型，并开展相关的工艺分析	能确定零件的生产类型，并开展一定的工艺分析	能确定零件的生产类型，但相关的工艺分析做得一般	未能确定零件的生产类型，且工艺分析做得较差或未进行		
毛坯	0.10	能独立地选择毛坯的类型及其制造方法，并正确地绘制毛坯图	能选择毛坯的类型及其制造方法，并绘制毛坯图，但尺寸精度上略有瑕疵	能选择毛坯类型及其制造方法，并绘制毛坯图，但尺寸上有一定问题	未能选择毛坯的类型及其制造方法，或未绘制毛坯图		
工艺路线	0.20	能独立地制订符合实际生产条件的零件加工工艺路线	在教师的指导下，能制订零件加工工艺路线	能制订零件加工工艺路线，但实用性较差	未能制订零件加工工艺路线，或制订了但毫无实用性		
工序设计	0.10	能独立正确地分析和计算各工序的工序尺寸及其公差	在教师的指导下，能分析和计算各工序的工序尺寸及公差	能分析和计算一部分工序的工序尺寸及其公差	未能或未开展分析和计算工序尺寸及其公差		
工序设计	0.05	能独立选用各工序的机床、夹具、刀具和量具及其辅具等	在教师指导下，能正确选用各工序的机床、夹具、刀具和量具及其辅具等	能正确选用一部分工序的机床、夹具、刀具和量具及其辅具等	未能正确或未开展选用大部分工序的机床、夹具、刀具和量具及其辅具等		
	0.20	能独立分析和计算各工序切削用量及工时	能分析和计算各工序切削用量及工时	能分析和计算一部分工序切削用量及工时	未能或未开展分析和计算切削用量及工时		
工艺卡及工序卡	0.10	能独立按有关标准格式的工艺卡片填写相应的内容、工艺数据和工艺图	在教师指导下，能按有关标准格式的工艺卡片填写相应的内容、工艺数据和工艺图	能按有关标准格式的工艺卡片填写基本正确的内容、工艺数据和工艺图	未能按有关标准格式的工艺卡片填写，或填写的内容、工艺数据和工艺图大部分不正确		
创新	0.05	有重大改进或独特见解，有一定实用价值	有一定改进或新颖的见解，实用性尚可	无创新，且实用价值较低	无创新，且无实用价值		

项目 2　机床夹具设计

任务 4　钻床夹具设计

4

很多零件因支撑、连接及配合的需要而做出圆柱孔，孔的加工往往采用钻削，且一般在钻床上进行。划线找正装夹法极易导致被加工孔产生孔位偏移、孔径增大及孔轴线歪斜等问题，再加上麻花钻、扩孔钻、铰刀、锪孔钻和丝锥等孔加工工具的结构问题，误差值可能会更大。解决这些问题的主要方法：一是依靠钻床夹具对刀具进行严格引导；二是改进切削刃的结构。

钻床夹具的主要任务是帮助工件相对刀具处于正确的加工位置。因此，钻床夹具都设置有带刀具引导孔的模板，以对刀具进行正确引导和对孔位进行限制，这是钻床夹具最主要的特点。所以，习惯上又把钻床夹具简称为钻模。为防止切削刃破坏钻模板上引导孔的孔壁，在引导孔中设置高硬度的钻套，以维持钻模板上引导孔的精度及其引导孔的孔系间精度。

钻模主要用于加工精度中等、尺寸较小的孔或孔系，使用钻模可提高孔及孔系间的精度，其结构简单，制造方便，因此在各类机床夹具中占的比重最大。

学习目标

1. 能够叙述机床夹具设计的步骤及其主要内容。
2. 能够根据工序图及其他工艺资料设计工件的装夹方案。
3. 能够选择合适的钻模类型，并设计相应的钻模板。
4. 能够绘制钻床夹具装配图。
5. 能够编写钻床夹具的设计说明书。

📖 **任务描述**

某企业接到一批连杆生产订单，加工任务为 10000 件/年。其中要完成连杆大头处钻、扩 $\phi 36_{0}^{+0.100}$ mm 孔的加工，为了又快又好地完成该任务，现需要组织技术人员设计该工序的钻床夹具设计任务表见表 4-1。

表 4-1　连杆大头圆柱孔的钻模设计任务表

工件名称	连杆		机床型号	Z550 立式钻床
材料	20CrMnMo		夹具类型	专用钻模（设计任务）
生产类型	批量（10000 件/年）		同时装夹工件数	1 件
刀具	硬质合金锥柄麻花钻 20　P30　GB/T 10946—1989 硬质合金锥柄麻花钻 36　P30　GB/T 10946—1989			
工序内容及要求	钻、扩连杆大头圆柱孔。钻孔 $\phi 20^{+0.21}_{0}$ mm，$Ra12.5\mu m$；扩孔 $\phi 36^{+0.100}_{0}$ mm，$Ra6.3\mu m$			
工序零件图	毛坯为模锻件，拔模角度为 7°，毛坯总长为 $205^{+1.0}_{-0.4}$			

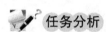

任务分析

由表 4-1 中的工序零件图可知，工序的加工要求为：钻、扩连杆大头圆柱孔 $\phi 36^{+0.100}_{0}$ mm，且与小头圆柱孔的中心距为（160 ± 0.1）mm。加工时用硬质合金麻花钻在 Z550 立式钻床上进行，孔径由刀具直接保证，而孔的位置则由钻床夹具保证。

要完成钻床夹具的设计，首先要学习机床夹具设计的相关知识，了解夹具设计的基本要求和流程。钻床夹具的设计与其他夹具的设计既有联系又有区别，既要分析和解决一般夹具所共有的定位和夹紧问题，也要分析和解决钻床夹具结构特性的问题。

根据工件的形状、尺寸、质量和孔的加工要求，并考虑生产批量和企业工艺装备的技术状况等具体条件（除定位和夹紧问题外），首先是定性地选择钻模种类及其结构；其次是选择和设计钻套以及安装钻套用的钻模板；再次是选择和设计其他装置和机构，如分度装置、上下料装置和支脚结构等。

钻床夹具的设计离不开上述的设计过程，还要在生产实践中经得起实际加工的检验，并不断地进行修正，才能真正实现钻床夹具设计的意图和专用夹具的作用。

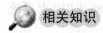

相关知识

一、机床夹具的基础知识

1. 机床夹具在机械加工中的作用

机床夹具是指在机床上用来固定工件，使之具有正确加工位置的工艺装备，称为机床夹具，简称为夹具。在机械加工中，夹具是一种不可缺少的工艺装备。

工件的装夹方法有找正装夹法和夹具装夹法两种。

找正装夹方法是以工件的有关表面或专门划出的线痕作为找正依据，用划针或指示表进行找正，将工件正确定位，然后将工件夹紧，进行加工。这种装夹方法简单，不需专门设备，但精度不高，生产率低，因此多用于单件、小批量生产。

用夹具装夹工件的方法是靠夹具将工件迅速、准确地定位及夹紧，其特点如下：

1）工件在夹具中迅速、准确地定位，是通过工件上的定位基准面与夹具上的定位元件相接触而实现的，因此不需要找正。

2）能比较容易和稳定地保证加工精度。

3）装夹迅速、方便，能减轻劳动强度，减少辅助时间，提高劳动生产率。

4）能扩大机床的工艺范围。

2. 机床夹具的分类

1）按夹具特点分为：通用夹具、专用夹具和可调夹具等。

2）按使用机床分类：车床夹具、铣床夹具、钻床夹具、磨床夹具和刨床夹具等。

3）按夹紧动力源分为：手动夹具、气动夹具、液压夹具和电磁夹具等。

图 4-1 所示为机床夹具分类图，表示了各类夹具之间的关系。

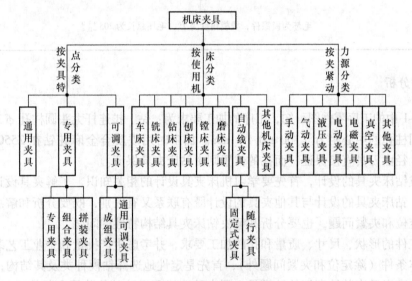

图 4-1　机床夹具分类图

设计夹具时考虑最多的因素是经济因素。生产产品的品种和批量大小代表了不同的生产模式，不同的生产模式下经济性较好的夹具系统已有定论。通常根据夹具结构的特点，并参考品种和批量将夹具分为通用夹具、专用夹具和可调夹具。这种分类作为粗略选用夹具系统是十分方便和有效的。机床夹具主要类型的特点及适用范围见表 4-2。

表 4-2　机床夹具主要类型的特点及适用范围

名　称	特　点	适用范围
通用可调夹具	通用性强，工件定位基准面形状简单，生产率低	单件、小批量生产。部分通用可调夹具已专业化生产，作为机床附件，如自定心卡盘、平口钳等

（续）

名　称	特　点	适用范围
专用夹具	针对某一工件的某一工序专门设计，结构紧凑，操作简便，生产率高，设计制造周期长。当产品更新或改进时，只要零件尺寸形状发生变化，夹具即报废	成批及大量生产
专业化可调夹具	针对形状、尺寸、工艺要求相似的一组工件设计	多品种成批生产，尤其是成组生产
组合夹具	由预先制造好的一套标准元件、合件组装成专门夹具，使用后即行拆开。元件、合件又可用于组装新的夹具	新产品试制，单件小批量生产，也可用于成批生产

3. 机床夹具的组成

机床夹具的种类繁多、结构各异，但其工作原理基本相同。按夹具上各部分元件和装置的功用划分，夹具一般有以下几个组成部分，以图4-2所示的钻模为例。

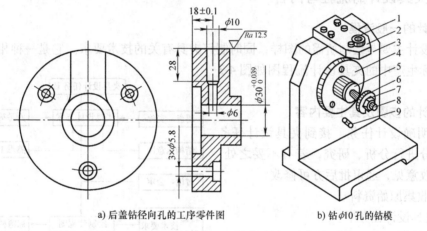

a) 后盖钻径向孔的工序零件图　　　b) 钻φ10孔的钻模

图 4-2　钻模
1—钻套　2—钻模板　3—夹具体　4—支承板　5—圆柱销
6—开口垫圈　7—螺母　8—螺杆　9—菱形销

1）定位元件：与工件定位基准面接触的元件，用来确定工件在夹具中的位置。图 4-2 中的圆柱销 5、菱形销 9 和支承板 4 都是定位元件。

2）夹紧装置：压紧工件的装置，由多个元件组合而成。图 4-2 中的开口垫圈 6 是夹紧元件，与螺杆 8、螺母 7 一起组成夹紧装置。

3）夹具体：基本骨架，连接所有夹具元件，使之成为一个夹具整体，并与机床有关部件相连，如图 4-2 所示的夹具体 3。

4）对刀—导向元件：用于确定刀具相对夹具的正确位置和引导刀具进行加工。其中，对刀元件是在夹具中起对刀作用的零部件，如铣床夹具上的对刀块。导向元件是在夹具中起对刀及引导刀具作用的零部件，图 4-2 中的钻套 1 是导向元件。

5）连接元件：确定夹具在机床上正确位置的元件，如定位键、定位销等。

6）其他元件和装置：根据夹具上特殊需要而设置的元件和装置，如分度装置、上下料装置、吊装元件和工件的顶出装置等。

在上述各组成部分中，定位元件、夹紧装置和夹具体是夹具的基本组成部分。

4. 夹具设计的基本要求

1）整个设计过程要严肃认真、一丝不苟。应灵活应用所学的知识来分析和解决在设计过程中所遇到的各种问题。在参考他人经验的基础上，大胆创新。

2）所设计的夹具必须满足零件加工工序的加工精度要求。

3）所设计的夹具应与零件的加工生产率相适应。

4）所设计的夹具必须具有性能可靠、使用安全，操作方便，有利于实现优质、高产、低耗，改善劳动条件，并提高标准化、通用化、系列化水平。

5）所设计的夹具应具有良好的结构工艺性，即便于制造、调整、维修，且便于切屑的清理、排除。

6）夹具设计必须保证图样清晰、完整、正确、统一。

二、夹具设计的流程与内容

1. 设计的一般流程

夹具设计主要是绘制所需的图样，同时制订夹具有关的技术要求。它是一种相互关联的工作。实际生产中的夹具设计流程图如图4-3所示。

2. 设计的步骤及其主要内容

（1）明确设计任务　接到夹具设计任务书，应充分进行分析、研究，若有不妥之处，应提出修改意见，经审批后方可修改。

（2）收集原始资料

1）夹具设计任务书。

2）零件图、毛坯图和零件的工艺规程。

3）夹具设计手册和典型夹具设计图样等相关资料。

4）有关国家标准、行业标准和企业标准。

5）实际工装的生产技术条件。

（3）拟订夹具结构方案及绘制结构草图

1）确定定位方案。根据工件的加工要求和基准的选择，确定工件的定位方式及定位元件的结构。

2）选用夹紧机构。按照夹紧的基本原则，确定工件的夹紧方式，夹紧力的方向和作用点的位置，选择合适的夹紧机构。

3）选用对刀-导向元件。确定刀具的对刀方式、导向方式，选择对刀元件、导向元件。

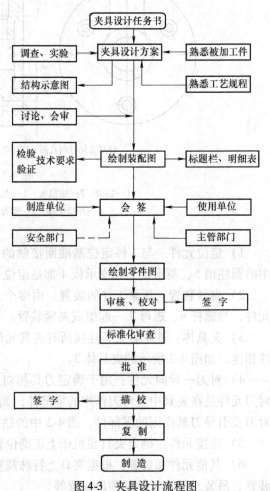

图4-3　夹具设计流程图

4）确定其他元件或装置的结构形式。

5）确定夹具体的结构尺寸和夹具的总体结构。协调各装置、元件的布局，选用合适的夹具体结构将以上各部分连接起来。必要时，对夹具体几何尺寸进行必要的刚度、强度验算。

6）绘制夹具结构草图。对几种可行的设计方案进行全面分析对比，组织、讨论、会审，确定合理的设计方案。确定夹具的设计方案后，便可绘制夹具结构草图。

7）校核夹具的工作精度。必要时，对夹具的轮廓尺寸、总质量、承载能力以及设备规格也应进行校核。

（4）绘制夹具装配图　夹具图样应符合 GB/T 4457～4460《机械制图》和 JB/T 9165.4—1998《专用工艺装备设计图样及设计文件格式》的规定。

以下为绘制夹具装配图的步骤及要求：

1）选定比例。为使所绘制的夹具装配图有良好的直观性，比例应尽量取 1:1。对于较大或较小的夹具，可适当缩小或放大比例。

2）合理地选择和布置视图。在清楚表达夹具工作原理和结构的前提下，夹具装配图的视图数应尽可能少。主视图一般应选取最能清楚表达夹具主要部位的视图，并取操作者实际工作正对的位置。

3）画出工件轮廓图。用双点画线（假想线）画出工件轮廓图。

4）画出整个夹具结构

①依据工序卡或设计任务书中的定位简图，参照结构草图中确定的定位元件结构，画出有关定位元件。

②按结构草图中确定的夹紧装置的具体结构和尺寸，画出夹紧装置。

③依据工序卡或设计任务书中的定位简图和结构草图，画出刀具的导向装置。

④参考结构草图和有关设计资料，确定并画出夹具体及其他零件。

5）检查图面。完成以上工作后，应检查图面是否已把结构表达清楚。即夹具上的每个零件是否都能在装配图上表示出来，与其他零部件的装配关系是否表达明白。同时，还应从机械制图的角度检查是否有漏画、错画和不符合制图标准规定的地方，如有错误应及时修正过来。

6）标注夹具尺寸公差和技术要求。夹具装配图应标注尺寸、公差和技术要求以及各类机床夹具公差和技术要求制订的依据和具体方法。

7）顺序标注夹具零件号。

8）填写标题栏和材料明细表。

画完夹具装配图，应自行复查一遍，检查有无考虑不周的地方，然后由制造单位、使用单位与设计者进行审核、会签。

（5）绘制零件图　根据已绘制的夹具装配图，绘制夹具中的非标零件图。

（6）审核图样　夹具装配图和零件图绘制完毕后，为使夹具能够满足使用功能要求，同时又具有良好的装配工艺性和加工工艺性，应对图样进行必要的审核。审核完毕后，设计人员应签字，并交由校对人员校对并签字，经有关部门批准，才能作为正式图样投入制造前的准备工作。

（7）编写夹具设计计算说明书　夹具设计完成后，应整理编写夹具设计计算说明书，其主要内容包括：封面、夹具设计任务书、前言、目录、说明书正文、参考文献和结束语等，并按上述顺序进行装订。

其中的说明书正文应包括：有关设计计算过程，如几何关系的尺寸换算及误差计算，对工件工序尺寸公差的误差分析，特殊结构中力的分析和计算，以及必要的强度校核等。要求计算过程及结果准确，叙述有条理、通顺简练，文图清晰、工整。

对于精密、重大和特殊的夹具，还应有夹具操作过程说明和注意事项，以及有关夹具调整、维修、保养的要求和说明。

（8）标准化审查　在夹具以及其他工艺装备设计完成，送交主管部门批准投入制造前，应由专职或兼职工艺标准化人员进行工艺文件标准化审查。

夹具或其他工装图样经审查、会签、批准后不能再随意修改。若需要修改，则需经设计者填写工艺文件修改通知单，经批准后送蓝图发放单位进行修改，并修改底图。

三、工件的定位

在机床上加工工件时，必须用夹具装好并夹牢工件。装好：就是在机床上确定工件相对于刀具的正确位置，这一过程称为定位。夹牢：就是对工件施加作用力，使之在已经定好的位置上将工件可靠地夹紧，这一过程称为夹紧。从定位到夹紧的全过程，称为装夹。机床夹具的主要功能就是完成工件的装夹工作。

1. 工件定位的基本原理

（1）六点定位原理　一个尚未定位的工件，其空间位置是不确定的。将工件放在空间直角坐标系中，可分解为六种宏观运动的可能性，称为六个自由度，如图4-4a所示。三个移动自由度：$\vec{X}$、$\vec{Y}$、$\vec{Z}$，三个转动自由度：$\hat{X}$、$\hat{Y}$、$\hat{Z}$。

用一个支承点限制工件的一个自由度的方法，合理分布的六个支承点限制工件的六个自由度，使工件在夹具中的位置完全确定，这就是六点定位原理（原则）。如图4-4b所示，工件底面上的三个支承点1、2、3限制了$\hat{X}$、$\hat{Y}$和$\vec{Z}$，它们应组成三角形，三角形的面积越大，定位越稳。工件侧面上的两个支承点4、5限制$\vec{X}$、$\hat{Z}$，它们不能竖直放置，否则，工件绕Z轴的角度自由度$\hat{Z}$便不能限制。工件后面的支承点6限制$\vec{Y}$。

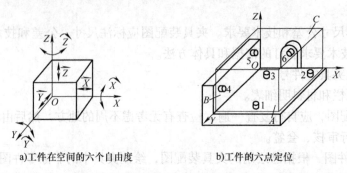

a)工件在空间的六个自由度　　b)工件的六点定位

图4-4　工件的六个自由度和六点定位原理

（2）根据工件加工要求确定应限制的自由度数　工件定位时，影响加工精度要求的自由度必须限制，不影响加工精度要求的自由度可以限制也可以不限制，视具体情况而定。按照工件加工要求确定工件必须限制的自由度是工件定位中应解决的首要问题。

1）定位副及其定位基面与限位基面。为便于定位分析，引入"定位副"的概念。工件上的定位基面和与之相接触的定位元件上的限位基面合称为一对定位副。当工件以回转面与定位元件接触定位时，工件上的回转面称为定位基面，其轴线即为定位基准；定位心轴的圆柱面称为限位基面，心轴的轴线即为限位基准。当工件以平面与定位元件接触定位时，工件上实际存在的平面是定位基面，它的理想状态是定位基准，定位元件上的限位平面就是限位基准（基面）。

2）完全定位和不完全定位。如图 4-5 所示为加工压板导向槽的工序图。要保证槽深方向的尺寸 h，必须限制 $\vec{Z}$；要保证槽底面与 C 面平行，必须限制 $\widehat{X}$、$\widehat{Y}$；要保证槽长 L，必须限制 $\vec{X}$；要保证导向槽在压板的中心面，必须限制 $\vec{Y}$ 和 $\widehat{Z}$。经上述分析可知，在加工导向槽时，六个自由度都应限制。这种六个自由度都被限制的定位方式称为完全定位。

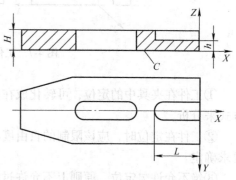

图 4-5 压板导向槽及磨平面的定位分析

如果，图 4-5 的压板在平面磨床上磨平面，要求保证板厚 H 以及加工面与底面 C 平行。根据加工要求，只需限制 $\vec{Z}$、$\widehat{X}$、$\widehat{Y}$ 三个自由度就可以了。这种根据零件加工要求，实际限制的自由度少于六个的定位方式称为不完全定位。

3）欠定位。如工件在某工序加工时，根据零件加工要求应限制的自由度而未被限制的定位方法称为欠定位。欠定位在零件加工中是绝不允许出现的。

4）过定位。如果某一个自由度同时由多于一个的定位元件来限制，这种定位方式称为过定位或重复定位。一般来说，工件以形状精度和位置精度较低的面作为定位基面时，不允许出现过定位；以精度较高的面作为定位基面时，为提高工件定位的刚度和稳定性，在一定条件下是允许过定位的。

如图 4-6 所示为一个平面用四个支承点定位。实质上，四个支承点只限制了 $\vec{Z}$、$\widehat{X}$、$\widehat{Y}$ 三个自由度，因而其属于过定位。如果工件定位基面粗糙，或四个支承点的高度不一致，就只有不确定的三个支承点保持接触，将会导致同一批工件的位置不一致，而增大加工误差。这种情况就不允许过定位，应改为用三个支承点定位。但是，如果工件的定位基面是精基准，四个支承点经配作磨削而等高，此时的过定位是允许的；而且，采用四个支承点限位可增大限位面积，支承稳固、刚性好，能减小工件受力下的变形。

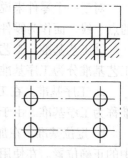

图 4-6 工件的过定位分析（一）

如图 4-7 所示为加工壳体台阶顶面的定位装置简图。壳体在该夹具中定位，支承板的限位平面限制了工件 $\vec{Z}$、$\widehat{X}$、$\widehat{Y}$ 三个自由度，短定位销限制了 $\vec{X}$、$\vec{Z}$ 两个自由度，定位销上的小台阶面限制了 $\vec{Y}$ 一个自由度。显然，重复限制了 $\vec{Z}$ 这个自由度。当 $H > H_1$ 时，工件很可能无法装入夹具中；而 $H < H_1$ 时，工件装进夹具中，其很可能处于悬空状态，与支承板的限位平面无法完全接触。将会出现难以保证加工要求，甚至无法加工的现象，这类过定位是不允许的。

综上所述，将夹具设计中研究和分析工件定位问题的要点归纳如下：

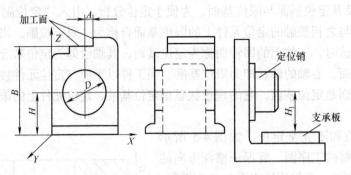

图 4-7　工件的过定位分析（二）

①工件在夹具中的定位，可转化成在空间直角坐标系中用定位支承点限制工件自由度的方式来分析。

②工件在定位时，应该限制的自由度项目或采取的定位支承点数目，完全由工件的加工要求确定。

③绝不允许欠定位，原则上不允许过定位。

（3）定位基准的选择及其定位符号　当根据工件加工要求确定工件应限制的自由度项目之后，某一自由度的限制往往会有几个定位基准可供选择，这就出现了怎样正确选择定位基准的问题。

1）基准。基准是用来确定生产对象上几何要素间的几何关系所依据的那些点、线、面。它是几何要素之间位置尺寸标注、计算和测量的起点。根据基准的应用场合和功用的不同，可分为设计基准和工艺基准两大类。

①设计基准。设计图样上所采用的基准称为设计基准。设计基准是根据零件（或产品）的工作条件和性能要求而确定的。在设计图样上，以设计基准为依据，标出一定的尺寸或相互位置要求。

对于一个零件来说，在各个方向往往只有一个主要的设计基准。习惯上把标注尺寸最多的点、线、面作为零件的主要设计基准。

②工艺基准。工艺过程中所采用的基准称为工艺基准。在机械加工中，按其用途不同，工艺基准分为工序基准、定位基准、测量基准和装配基准。

a. 工序基准。在工序图上用来确定本工序所加工表面加工后的尺寸、形状、位置的基准称为工序基准。由于工序基准不同，工序尺寸也不同。

b. 定位基准。在加工中用作定位的基准称为定位基准，用来确定工件在机床上或夹具中的正确位置。在使用夹具时，其定位基准就是工件与夹具定位元件相接触的点、线、面。

c. 测量基准。测量时所采用的基准称为测量基准。它是据以测量已加工表面位置的点、线、面。选择测量基准与工序尺寸标注的方法关系密切，通常情况下测量基准与工序基准是重合的。

d. 装配基准。在装配时用来确定零件或部件在机器中正确位置所采用的基准，称为装配基准。

2）定位基准的选择。在工艺规程设计中，正确选择定位基准对保证工件的加工质量、合理安排加工顺序起着至关重要的作用。因此，在研究和选择各类工艺基准时，首先应选择定位基准。

按照工序性质和作用的不同，定位基准分为粗基准和精基准两类。以毛坯上未经加工的表面来定位，这种定位基准称为粗基准。采用已加工表面作为定位基准表面，这种定位基准称为精基准。为了使所选的定位基准能保证整个机械加工工艺过程的顺利进行，通常应先考虑如何选择精基准来加工各个表面，然后考虑如何选择粗基准作为精基准的表面先加工出来。

①精基准的选择。选择精基准时应保证工件的加工精度，并使装夹方便可靠。为此一般遵循以下原则：

a. 基准重合原则。即尽可能选用设计基准作为定位基准，以避免因定位基准与设计基准不重合而引起的定位误差。

b. 基准统一原则。即选择同一定位基准来加工尽可能多的表面，以保证各加工表面的相互位置精度，避免产生因基准变换所引起的误差。例如，加工较精密的台阶轴时，通常采用两中心孔作定位基准，这样在同一定位基准下加工的各台阶外圆表面及端面容易保证高的位置精度，如圆跳动、同轴度、垂直度等。采用同一定位基准，还可以使各工序的夹具结构单一化，便于设计制造。

c. 互为基准原则。对于零件上两个相互位置精度要求较高的表面，采取互相作为定位基准、反复进行加工的方法来保证达到精度要求。

d. 自为基准原则。以被加工表面本身作为定位基准进行精加工、光整加工，可以使加工余量小而且均匀，易于获得较高的加工质量，但被加工表面的相互位置精度应由前道工序保证。浮动铰孔、珩磨内孔等均采用自为基准的原则。

②粗基准的选择。选择粗基准，应该保证所有加工表面都有足够的加工余量，而且各加工表面对非加工表面具有一定的位置精度。选择时应遵循下列原则：

a. 对于不需加工全部表面的零件，应采用始终不加工的表面作为粗基准，这样可以较好地保证加工表面相对非加工表面的相互位置要求，并有可能在一次安装中把大部分表面加工出来。如图 4-8 所示的套类零件，外圆表面 A 为非加工表面，为了保证镗孔后孔壁 B 面均匀，应选择外圆表面为粗基准。如果零件上有几个不需加工的表面，则应选取与加工表面相互位置精度要求高的非加工表面作为粗基准。

b. 选取加工余量要求均匀的表面作为粗基准，在加工时可以保证该表面余量均匀。例如车床床身（图 4-9）要求导轨面耐磨性好，希望在加工时只切除较小且均匀的一层余量，使其表面保留均匀一致的金相组织，具有较高的物理性能和力学性能。为此，应选择导轨面作为粗基准，加工床腿的底平面（图 4-9a），然后再以床腿的底平面为基准加工导轨面（图 4-9b）。

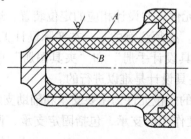

图 4-8　套类零件的粗基准选择

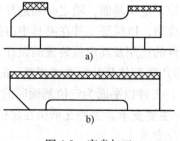

图 4-9　床身加工

c. 对于所有表面都需要加工的零件，应选择加工余量最小的表面作为粗基准，这样可以避免加工余量不足而造成废品。

d. 选择毛坯制造中尺寸和位置可靠、稳定，平整、光洁，面积足够大的表面作为粗基准，这样可以减小定位误差和使工件装夹可靠稳定。

e. 粗基准只能使用一次，不允许重复使用。

在实际生产过程中，粗、精基准的选择有时相互矛盾。因此，选择基准应根据具体情况具体分析，确定出切合实际的合理方案，以满足零件的主要设计要求。

③辅助定位基准。在生产实际中，有时工件上找不到合适的表面作为定位基准，为便于工件装夹和保证获得规定的加工精度，可以在制造毛坯时或在工件上允许的部位增设和加工出定位基准，如工艺凸台、工艺孔、中心孔等，这种定位基准称为辅助定位基准，它在零件的工作中不起作用，只是为了加工的需要而设置的。除不影响零件正常工作而允许保留的外，增设的辅助定位基准在零件全部加工后，还须将其切除。

3）标注定位符号。在选好若干个定位基准后，应在工序图相应的定位基面上标注定位符号及其限制自由度的数目。其中定位支承符号见表4-3，辅助支承符号见表4-4。

表4-3　定位支承符号

定位支承类型	符　　号			
	独　立　定　位		联　动　定　位	
	标注在视图轮廓线上	标注在视图正投影面	标注在视图轮廓线上	标注在视图正投影面
固定式	∧	⊙	∧∧	⊙—⊙
活动式	⋀	◯	⋀⋀	◯—◯

表4-4　辅助支承符号

独　立　支　承		联　合　支　承	
标注在视图轮廓线上	标注在视图正投影面	标注在视图轮廓线上	标注在视图正投影面
△	◯	△△	◯—◯

2. 定位基面及其与之对应的定位元件

确定了定位基面，随之必须选择与其相应的定位元件，并设计相应的定位装置，通过若干个定位副，以保证工件在夹具中占据一个正确位置。必须注意的是：在实际设计工作中，定位元件的选用及其定位装置的设计，必须查阅"夹具设计手册"和"夹具图册"中关于"夹具常用零部件及其标准或规范"的资料。否则，夹具设计是难以进行的。

（1）工件以平面为定位基面时的定位元件　常用的定位元件为主要支承和辅助支承。

1）主要支承。主要支承指在定位时起限制自由度作用的支承，包括固定支承、调节支承、自位支承。

①固定支承：固定支承有支承钉（JB/T 8029.2—1999）和支承板（JB/T 8029.1—

1999）两种形式，在使用过程中，它们都是固定不动的，其结构形式如图4-10所示。图4-10a所示的平头支承钉适用于已加工平面的定位；图4-10b所示的球头支承钉适用于毛坯平面的定位；图4-10c所示的网纹头支承钉适用于工件的侧面定位，可防止工件滑动；图4-10d所示的简单型支承板适用于侧面和顶面的定位；图4-10e所示的带斜槽支承板适用于底面的定位，斜槽便于清屑。

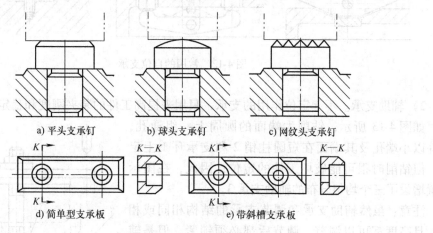

a) 平头支承钉　　b) 球头支承钉　　c) 网纹头支承钉

d) 简单型支承板　　　　　e) 带斜槽支承板

图4-10　支承钉和支承板

当要求几个支承钉或支承板在装配后等高时，可采用装配后一次磨削法，以保证它们的限位基面在同一平面内。

除采用上面介绍的标准支承钉和支承板之外，还可以根据工件定位平面形状的不同设计相应形状的支承板。

②调节支承（JB/T 8026.1~6—1999）：工件在定位过程中，高度需要调整的支承称为调节支承，多用于未加工表面的定位，以调节补偿各毛坯尺寸的误差。如图4-11所示为几种常用的调节支承。

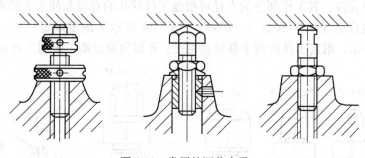

图4-11　常用的调节支承

③自位支承（浮动支承）：在工件定位过程中，能自动调整位置的支承称为自位支承或浮动支承。主要用于毛坯面、阶梯面和环形平面的定位，其结构形式如图4-12所示。其特点是支承本身在定位过程中随着工件定位基面位置的变化而自动调节。自位支承虽有多个支承点与工件接触，提高了工件装夹的刚度和稳定性，但其作用只能作为一个支承点，限制工件一个自由度。

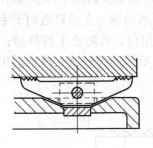
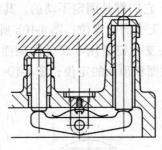
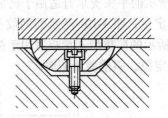

图 4-12　常用的自位支承

2）辅助支承。不起定位作用的支承，只用来提高工件的装夹刚度和稳定性。

如图 4-13 所示，钻削大端面的圆周上一组通孔，工件以小端孔及其端面在短圆柱销 2 和支承环 1 上定位。但钻削时很可能破坏工件的定位；因此，在图示位置增设了三个均匀分布的辅助支承 3。

注意：虽然辅助支承和调节支承的结构相同或相近，且高度都可以调节，调节后都必须锁紧，但是辅助支承和调节支承还是有区别的。如调节支撑起定位作用，而辅助支承只起支承作用，不起定位作用；调节支承是定位前调整高度，而辅助支承是定位后才能调整高度；调节支承是一批工件只能调整一次，而辅助支承是每个工件加工完成后都必须调整的。

（2）工件以圆孔为定位基面时的定位元件　常用的定位元件有定位销和定位心轴等。

1）定位销。定位销是长度较短且直径不大的圆柱形或圆锥形定位元件，其工作部分的直径可根据工件圆孔的直径和便于装卸来设计。

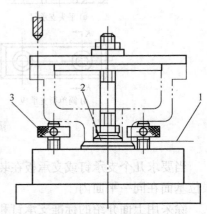

图 4-13　辅助支承的应用
1—支承环（限位基面）　2—短圆
柱销　3—辅助支承

①固定式定位销（JB/T 8014.2—1999）。图 4-14 所示为固定式定位销，有两种结构形式：A 型称圆柱销，限制工件的两个移动自由度；B 型称菱形销，限制工件的一个自由度。

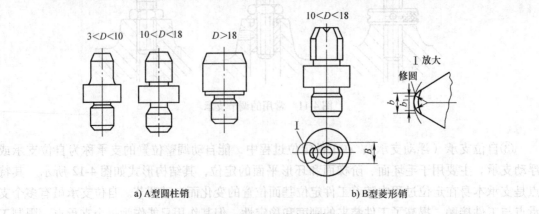

a）A 型圆柱销　　　　b）B 型菱形销

图 4-14　固定式定位销

②可换式定位销（JB/T 8014.3—1999）。大批大量生产时，为了便于定位销的更换，可采用可换式定位销。如图 4-15 所示为可换式定位销，它也有 A 型圆柱销和 B 型菱形销两种结构形式。

③圆锥定位销。当工件以圆孔的孔端口定位时，可选用圆锥销。如图 4-16 所示，工件圆孔以圆锥销定位，限制了工件的三个移动自由度 $\vec{X}$、$\vec{Y}$、$\vec{Z}$。其中，图 4-16a 所示用于粗基面定位；图 4-16b 所示用于精基面定位。但单个圆锥销定位时容易倾斜，因此，圆锥销一般不单独使用。图 4-17a 所示为圆锥—圆柱的组合心轴定位；图 4-17b 所示为活动锥销—平面的组合定位；图 4-17c 所示为双圆锥组合定位，且其中一个必为活动锥销。

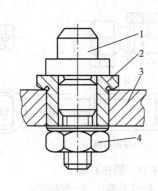

图 4-15 可换式定位销

1—可换式定位销 2—衬套 3—夹具体 4—螺母

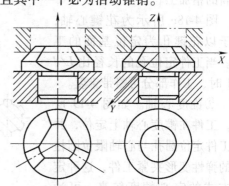

a) 用于粗基面孔的圆锥销 b) 用于精基面孔的圆锥销

图 4-16 圆锥定位销

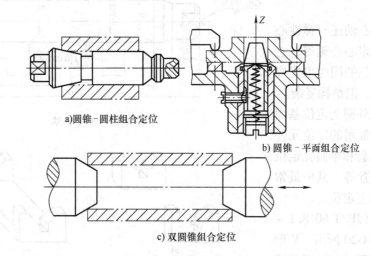

a) 圆锥-圆柱组合定位

b) 圆锥-平面组合定位

c) 双圆锥组合定位

图 4-17 圆锥销的组合定位

2）定位心轴。定位心轴是指长度较长且直径较大的圆柱心轴、花键心轴和锥度心轴等定位元件。在套筒类和空心盘类的车削、铣削、磨削和齿轮的加工中，常用心轴来限位，以保证加工表面对内孔的位置精度。其工作部分的直径及长度也是根据工件圆孔的直径、长度以及便于装卸来设计的。

①圆柱心轴。图 4-18 所示为常用的三种圆柱心轴的结构形式。

图 4-18a 所示为间隙配合心轴，其工作部分按 h6、g6 或 f7 制造，它与端面配合共限制五个自由度。其特点是装卸工件较方便，但定心精度较低。

图 4-18b 所示为过盈配合心轴，其结构由引导部分 1、工作部分 2 和传动部分 3 组成，共限制四个自由度。其特点是制造简单、定心准确、不用另设夹紧装置；但装卸工件不便，且易损伤工件定位孔。多用于定心精度高的精加工。

图 4-18c 所示为花键心轴，用于以花键孔为定位基面的工件。当工件定位孔的长径比 L/d >1 时，工作部分可略带锥度。

②锥度心轴。如图 4-19 所示，工件在锥度心轴上定位，并靠工件定位圆孔与心轴限位圆柱面的弹性变形夹紧工件，这种定位方式的定心精度较高，可达 0.02～0.01mm；但工件的轴向位移误差较大，适用于工件定位孔精度不低于 IT7 的精车和磨削加工。

此外，定位心轴还有弹性心轴、液塑心轴和定心心轴等，它们在完成工件定位的同时也完成夹紧，使用方便，但结构复杂。

（3）工件以外圆为定位基面时的定位元件　常用的定位元件有 V 形块、定位套和半圆孔定位座及定心夹紧装置等。其中最常用的是在 V 形块上定位。

1）V 形块（JB/T 8018.1～4—1999）。如图 4-20 所示，V 形块结构有多种。图 4-20a 所示适用于较短的已加工圆柱面定位；图 4-20b 所示适用于较长的已加工圆柱面定位；图 4-20c 所示适用于较长的未加工圆柱面定位；图 4-20d 所示为镶装支承钉或支承板的 V 形块，其底座采用铸

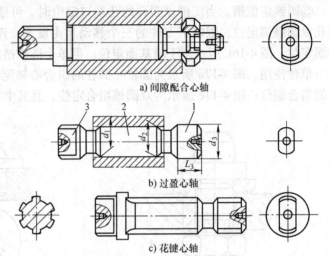

a) 间隙配合心轴

b) 过盈心轴

c) 花键心轴

图 4-18　圆柱心轴

1—引导部分　2—工作部分　3—传动部分

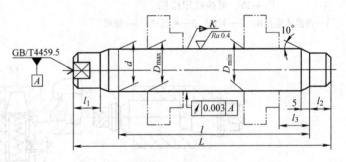

图 4-19　锥度心轴

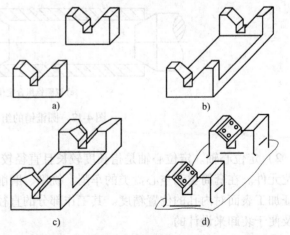

a)　　　　　　　　b)

c)　　　　　　　　d)

图 4-20　V 形块

件，适用于尺寸较大的圆柱面定位。

V 形块可分为固定式与活动式两种，固定式的长 V 形块限制工件四个自由度，短 V 形块限制工件两个自由度，活动短 V 形块只限制工件一个自由度。

使用 V 形块定位具有对中性，能使工件的定位基准（轴线）处在 V 形块对称平面内，不受定位基面直径误差的影响，且装夹方便，可用于整圆柱面或部分圆柱面的粗、精定位，其中的活动 V 形块还可兼作夹紧元件。

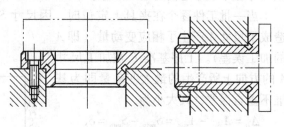

图 4-21　定位套

2）定位套。如图 4-21 所示，工件以外圆柱面作为定位基面在定位套的圆孔中定位。这种定位方法简单，制造容易，但定心精度较低，故只适用于已加工的定位基面。当工件外圆与定位孔配合间隙较大时，工件易偏斜，因此，常采用内孔—端面组合定位。

3）半圆孔定位座。如图 4-22 所示，将同一圆周面的孔分为两半圆，下半圆部

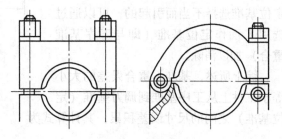

图 4-22　半圆孔定位座

分装在夹具体上起定位作用，其最小直径应取工件定位基面（外圆）的最大直径。上半圆装在可卸式或铰链盖上起夹紧作用。工作表面是用耐磨材料制成的两个半圆衬套，并镶在基体上，以便于更换。其适用于大型轴类工件及不便于轴向装夹工件的定位。定位基面的精度不低于 IT8 ~ 9，其优点是夹紧力均匀，装卸方便。

3. 定位误差的分析与计算

前述内容解决了工件在夹具中的位置"定与不定"的问题。但是，一批工件逐个在夹具中定位时，每一个定位副的实际接触都是在规定范围内略有变化，使各个工件所占据的位置总是略有不同，即出现了工件位置定得"准与不准"的定位精度问题。

各个工件所占据的位置不完全一致，加工后形成加工尺寸的不一致造成加工误差。这种由定位引起同批工件的工序基准在加工尺寸的方向上最大变动量称为定位误差，用 Δ_D 表示。

在工件的加工过程中，产生误差的因素很多，定位误差仅是加工误差的一部分。因此在分析定位方案时，为了保证加工精度，定位误差应不超过工件的加工尺寸公差 δ 的 1/3，即

$$\Delta_D \leqslant \frac{\delta}{3} \tag{4-1}$$

（1）定位误差的分析　工件逐个在夹具中定位时，造成定位误差的原因有两个：一是定位基准与工序基准不重合，产生的基准不重合误差，用 Δ_B 表示；二是定位基准与限位基准不重合，产生的基准位移误差，用 Δ_Y 表示。

1）基准不重合误差 Δ_B。如图 4-23a 所示，在工件上铣一个台阶面，其加工尺寸分别为 A 和 B。图 4-23b 所示为定位示意图，铣刀以（与 E 面对应的）限位台阶面和（与底面对应的）限位底面作为调刀基准，一次调整好刀具位置，保证调刀尺寸 C 和 B 不变。显然，加

工尺寸 A 的工序基准 F 与调刀基准（即定位基准 E）不重合，两基准之间的尺寸为 $S \pm \dfrac{\delta_S}{2}$，该尺寸在本工序之前已经加工好。

当一批工件逐个在夹具上定位时，因尺寸 S 的误差导致工序基准 F 的位置是变动的，造成了尺寸 A 产生了相应变动量（即 A 的加工误差）。工序基准 F 在加工尺寸 A 的方向上所产生的最大变动量即为基准不重合误差，其大小为

$$\Delta_B = A_{max} - A_{min} = S_{max} - S_{min} = \delta_S$$

由此可见，基准不重合误差是由于定位基准选择不当而引起的，可以通过选用 F 面作定位基准（即与工序基准重合）加以消除。

综上所述，基准不重合误差的大小等于工件上从工序基准到调刀基准（定位基准）之间的尺寸误差积累，其计算式为

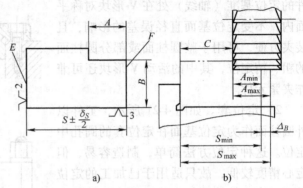

图 4-23　基准不重合误差

$$\Delta_B = \sum_{i=1}^{n} \delta_i \cos\alpha \tag{4-2}$$

式中　δ_i——定位基准与工序基准之间的尺寸链各组成环的公差（mm）；

　　　α——δ_i 的方向与加工尺寸方向间的夹角（°）。

2）基准位移误差 Δ_Y。由于定位副的制造误差或定位副配合间隙所导致的定位基准偏离限位基准，其在加工尺寸的方向上最大变动量，称为基准位移误差。不同的定位方式，基准位移误差的计算方式也不同。

①工件以平面定位时的基准位移误差：工件以平面定位时，由于平面定位副制造误差很小，其引起的基准位移误差可忽略不计，即基准位移误差为零。

②工件以圆孔定位时的基准位移误差：工件以圆孔在间隙配合的定位销（或心轴）上定位时，定位副有单边接触和任意边接触两种情况，产生的基准位移误差大小是不同的。

工件定位时，若因单方向作用力（如工件重力、夹紧力等）使得工件孔与定位销始终在某一方向上接触，导致定位副只存在单边间隙。如图 4-24 所示，一批工件以圆柱孔在心轴上定位铣键槽，尺寸 H 按心轴中心调整的铣刀位置保证。如图 4-24a 所示，理想状态下，孔的中心线与轴的中心线位置重合。但实际上，工件孔和心轴为

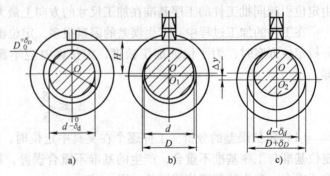

图 4-24　圆柱孔与心轴固定单边接触的基准位移误差

间隙配合，孔的中心必然偏离轴的中心。如图 4-24b、c 所示，在工件的重力作用下，工件孔与轴在上素线处形成单边接触。当工件孔最小（D）而心轴最大（d）时，定位基准（孔

中心 O_1）偏移限位基准（轴中心 O）的偏移量最小即 OO_1，如图 4-24b 所示。当工件孔最大（$D + \delta_D$）而心轴最小（$d - \delta_d$）时，定位基准（孔中心 O_2）偏移限位基准（轴中心 O）的偏移量最大即 OO_2，如图 4-24c 所示。所以，定位基准（孔中心）的变动范围为 $O_1 O_2$，即加工尺寸 H 的基准位移误差

$$\Delta_Y = O_1 O_2 = OO_2 - OO_1 = \frac{\delta_D + \delta_d}{2} \cos\alpha \tag{4-3}$$

式中　δ_D——工件孔的直径公差（mm）；

　　　δ_d——心轴（或定位销）的直径公差（mm）。

　　　α——δ_i 的方向与加工尺寸方向间的夹角（°）。

　　工件定位时，孔中心线相对于销（或心轴）中心线可以在间隙范围内作任意方向的位置变动，如图 4-25 所示。孔中心线（定位基准）的变动范围是以最大间隙 X_{max} 为直径的圆柱体。因此，其基准位移误差为

$$\Delta_Y = X_{max} = D_{max} - d_{min} = \delta_D + \delta_d + X_{min} \tag{4-4}$$

式中　X_{max}——定位副的最大间隙（mm）；

　　　X_{min}——定位副的最小间隙（mm）。

　　③工件以外圆柱面在 V 形块上定位时的基准位移误差。如图 4-26 所示，若不考虑 V 形块的制造误差，则工件轴线总是处于 V 形块的对称面上，这就是 V 形块的对中性。因此，在图示的水平方向上，工件定位基准不会产生基准位移误差。但在图示的垂直方向上，由于工件直径的误差，导致工件定位基准产生位置变化，其最大变化量

$$\Delta_Y = O_1 O_2 = O_1 C - O_2 C = \frac{O_1 A}{\sin\dfrac{\alpha}{2}} - \frac{O_2 B}{\sin\dfrac{\alpha}{2}} = \frac{\delta_d}{2\sin\dfrac{\alpha}{2}} \tag{4-5}$$

式中　α——V 形块的夹角（°）。

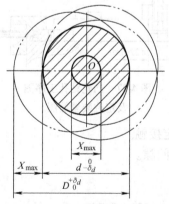

图 4-25　圆柱孔与定位销任意
边接触的基准位移误差

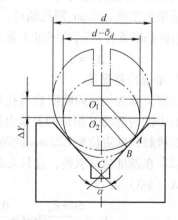

图 4-26　外圆柱在 V 形块
上定位的基准位移误差

　　（2）定位误差的合成　由于定位误差 Δ_D 是由基准不重合误差和基准位移误差组合而成的，因此在计算定位误差时，可以分别求出基准位移误差和基准不重合误差，再求出它们在加工尺寸方向上的代数和，即

$$\Delta_D = \Delta_Y \pm \Delta_B \tag{4-6}$$

1）工序基准不在定位基面上。定位误差 Δ_D 等于 Δ_Y 与 Δ_B 在加工尺寸方向上的算术和，即

$$\Delta_D = \Delta_Y + \Delta_B \tag{4-7}$$

2）工序基准在定位基面上。Δ_Y 与 Δ_B 是由同一因素导致产生的，两者相互关联，合成时必须判断相互的变动方向，才能确定符号是"＋"或"－"。其具体方法如下：

①设定位基准是理想状态，当定位基面上尺寸由最大实体尺寸变为最小实体尺寸（或由小变大）时，判断工序基准的变动方向。

②设工序基准是理想状态，当定位基面上尺寸由最大实体尺寸变为最小实体尺寸（或由小变大）时，判断定位基准的变动方向。

③两者变动方向相同则取"＋"，反之则取"－"。

综上所述，分析和计算定位误差，是为了对定位方案能否保证加工要求，有一个明确的定量概念，以便对不同定位方案进行分析比较，同时也是在决定定位方案时的一个重要依据。

（3）定位误差分析及计算实例

例 4-1 如图 4-27 所示，钻扩凸轮上的两小孔 $2 \times \phi16\text{mm}$，定位销直径为 $\phi22_{-0.021}^{0}\text{mm}$，求加工尺寸 $(100 \pm 0.1)\text{mm}$ 的定位误差。

解：

（1）基准不重合误差

因为工序基准为工件 $\phi22\text{mm}$ 圆孔轴线，定位基准也为工件 $\phi22\text{mm}$ 圆孔轴线。

所以两基准重合，不存在基准不重合误差。

$$\Delta_B = 0$$

（2）基准位移误差

因为定位副为一对间隙配合的孔与轴，且在具有对中性的活动 V 形块的夹紧力作用下为单边固定接触，即定位副 $\phi22\text{mm}$ 的两个右素线保持固定接触。

所以存在基准位移误差，且只为定位副左侧的单边间隙。

按式（4-3）得

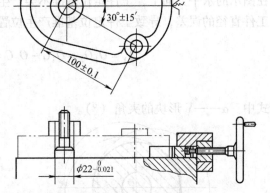

图 4-27　凸轮钻孔工序图及定位装置简图

$$\Delta_Y = \frac{\delta_D + \delta_d}{2}\cos\alpha = \frac{0.033 + 0.021}{2}\text{mm} \times \cos30° \approx 0.023\text{mm}$$

（3）定位误差的合成

因为工序基准不在定位基面上

所以按式（4-7）得

$$\Delta_D = \Delta_Y + \Delta_B = 0.023\text{mm} + 0 = 0.023\text{mm}$$

按式（4-1）可知

$$\Delta_D = 0.023\text{mm} < \frac{\delta}{3} = 0.067\text{mm}$$

因此，该定位方案合理，能满足加工尺寸（100 ± 0.1）mm 的加工要求。

四、工件的夹紧

1. 夹紧装置的组成及其设计原则

工件定位后，将工件固定并使其在加工过程中保持定位位置不变的装置，称为夹紧装置。

（1）夹紧装置的组成　夹紧装置的组成如图 4-28 所示，由以下三部分组成。

1）动力源装置。它是产生夹紧作用力的装置，分为手动夹紧和机动夹紧两种。手动夹紧的力源来自人力，比较费时费力。为了改善劳动条件和提高生产率，目前在大批量生产中均采用机动夹紧。机动夹紧的力源来自气动、液压、气液联动、电磁、真空等动力夹紧装置。图 4-28 所示的气缸 1 就是一种动力源装置。

2）传力机构。它是介于动力源和夹紧元件之间传递动力的机构。传力机构的作用是：改变作用力的方向；改变作用力的大小；具有一定的自锁性能，以便在夹紧力消失后，仍能保证整个夹紧系统处于可靠的夹紧状态，这一点在手动夹紧时尤为重要。图 4-28 所示的斜楔 2 和滚子 3 就是传力机构。

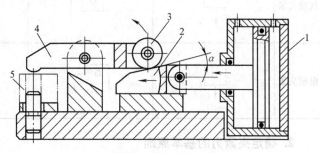

图 4-28　夹紧装置的组成

1—气缸　2—斜楔　3—滚子　4—压板　5—工件

3）夹紧元件。它是直接与工件接触完成夹紧作用的最终执行元件。图 4-28 所示的压板 4 就是夹紧元件。

（2）夹紧装置的设计原则　在夹紧工件的过程中，夹紧作用的效果会直接影响工件的加工精度、表面粗糙度以及生产率。因此，设计夹紧装置应遵循以下原则：

1）工件不移动原则。夹紧过程中，不改变工件定位后所占据的正确位置。

2）工件不变形原则。夹紧力的大小要适当，既要保证夹紧可靠，又应使工件在夹紧力的作用下不致产生加工精度所不允许的变形。

3）工件不振动原则。对刚性较差的工件，或者进行断续切削，以及不宜采用气缸直接压紧的情况，应提高支承元件和夹紧元件的刚性，并使夹紧部位靠近加工表面，以避免工件和夹紧系统的振动。

4）安全可靠原则。夹紧传力机构应有足够的夹紧行程，手动夹紧要有自锁性能，以保证夹紧可靠。

5）经济实用原则。夹紧装置的自动化和复杂程度应与生产纲领相适应，在保证生产率的前提下，其结构应力求简单，便于制造、维修，工艺性能好；操作方便、省力，使用性能好。

（3）夹紧符号　夹紧符号按表 4-5 的规定表示。表中的字母代号为大写汉语拼音字母。

表4-5　夹紧符号

夹紧动力源类型	符　号			
	独　立　夹　紧		联　合　夹　紧	
	标注在视图轮廓线上	标注在视图正投影面	标注在视图轮廓线上	标注在视图正投影面
手动夹紧				
液压夹紧	Y	Y	Y	Y
气动夹紧	Q	Q	Q	Q
电磁夹紧	D	D	D	D

2. 确定夹紧力的基本原则

设计夹紧装置时，夹紧力的确定包括夹紧力的方向、作用点和大小三个要素。

（1）夹紧力的方向

1）夹紧力的方向应有助于定位稳定，且主夹紧力应朝向主要定位基面。如图4-29a所示直角支座镗孔，要求孔与A面垂直，所以应以A面为主要定位基面，且夹紧力F_w方向与之垂直，则较容易保质量。如图4-29b、c所示中的F_w都不利于保证镗孔轴线与A的垂直度，如图4-29d所示中的F_w朝向了主要定位基面，则有利于保证加工孔轴线与A面的垂直度。

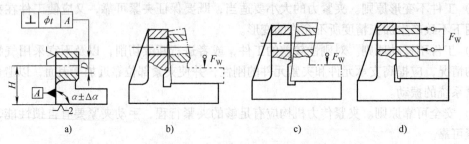

图4-29　夹紧力应指向主要定位基面

2）夹紧力的方向应有利于减小夹紧力，以减小工件的变形、减轻劳动强度。为此，夹紧力F_w的方向最好与切削力F、工件的重力G的方向重合。如图4-30所示为夹紧力方向与夹紧力大小的关系。显然，图4-30a最为合理，图4-30f情况为最差。

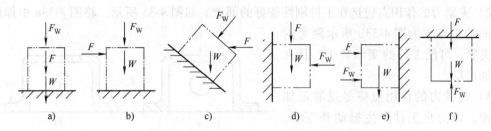

图 4-30　夹紧力方向与夹紧力大小的关系

3）夹紧力的方向应是工件刚性较好的方向。由于工件在不同方向上刚度是不等的。不同的受力表面也因其接触面积大小而变形各异。尤其在夹压薄壁零件时，更需注意使夹紧力的方向指向工件刚性最好的方向。如图 4-31 所示为加工薄壁套筒的两种夹紧方式，由于套筒的径向刚性较差，用图 4-31a 的径向夹紧方式将产生过大的夹紧变形而无法保证加工精度。改用图 4-31b 的轴向夹紧方式，则可大大减少套筒的夹紧变形。

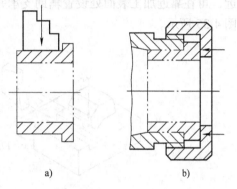

图 4-31　夹紧力方向对工件变形的影响

（2）夹紧力的作用点　夹紧力作用点是指夹紧件与工件接触的一小块面积。选择作用点的问题是指在夹紧方向已定的情况下确定夹紧力作用点的位置和数目。夹紧力作用点的选择是达到最佳夹紧状态的首要因素。具体设计时应遵守以下准则：

1）夹紧的作用点应落在定位元件的支承范围内，应尽可能使夹紧点与支承点对应，使夹紧力作用在支承上。如图 4-32a、c 所示，夹紧力作用在支承面范围之外，会使工件倾斜或移动，夹紧时将破坏工件的定位；而如图 4-32b、d 所示则是合理的。

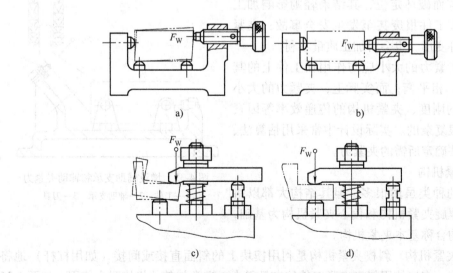

图 4-32　夹紧力作用点对工件稳定性的影响

2）夹紧力的作用点应选在工件刚性较好的部位。如图 4-33 所示，将图 4-33a 中作用点在中间的单点改为图 4-33b 所示两旁的两点夹紧，可使工件的变形减小，且夹紧更加可靠。

3）夹紧力的作用点应尽量靠近加工表面，以防止工件产生振动和变形，提高定位的稳定性和可靠性。如图 4-34 所示，图 4-34a 合理，因为其夹紧力的

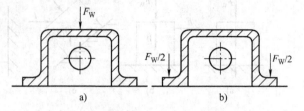

图 4-33　夹紧力作用点对工件变形的影响

作用点到加工表面的距离较近，其产生的力矩也较小。若主要夹紧力的作用点距加工表面较远，可在靠近加工表面处设置辅助支承并施加夹紧力，以减小切削过程中的振动和变形，如图 4-35 所示。

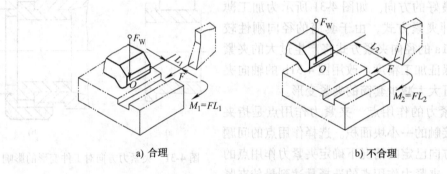

a) 合理　　　　　　　　　　　　b) 不合理

图 4-34　夹紧力作用点应靠近加工面

（3）夹紧力的大小　夹紧力的大小，对于保证定位稳定、夹紧可靠以及确定夹紧装置的结构尺寸等都有着密切的关系。夹紧力的大小要适当，夹紧力过小则夹紧不牢靠，在加工过程中工件可能发生位移而破坏定位，其结果轻则影响加工质量，重则造成工件报废甚至发生安全事故；夹紧力过大会使工件变形，也会对加工质量不利。

理论上，夹紧力的大小应与作用在工件上的其他力（及力矩）相平衡；而实际上，夹紧力的大小还与工艺系统的刚度、夹紧机构的传递效率等因素有关，计算是很复杂的。实际设计中常采用估算法、类比法和试验法确定所需的夹紧力。

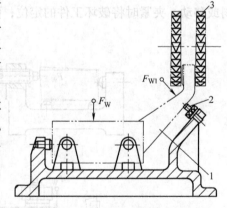

图 4-35　增设辅助支承和辅助夹紧力
1—工件　2—辅助支承　3—刀具

3. 基本夹紧机构

夹紧机构的种类虽然很多，但其结构大都以斜楔夹紧机构、螺旋夹紧机构和偏心夹紧机构为基础，这三种夹紧机构合称基本夹紧机构。

（1）斜楔夹紧机构　斜楔夹紧机构是利用楔块上的斜面直接或间接（如用杠杆）地将工件夹紧的机构。直接使用斜楔夹紧工件的夹具很少，它常与其他机构联合使用，如图 4-36

所示。斜楔夹紧机构结构简单、操作方便，但传力系数小、夹紧行程短、自锁能力差，因此，在现代夹具中，斜楔夹紧机构常与气压、液压传动装置联合使用。

1）斜楔的夹紧力。图 4-37a 所示为在外力 F_Q 作用下，斜楔的受力分析图。建立静平衡方程式

$$F_1 + F_{Rx} = F_Q$$
$$F_1 = F_W \tan\varphi_1$$
$$F_{Rx} = F_W \tan(\alpha + \phi_2)$$

解联立方程，得

$$F_W = \frac{F_Q}{\tan\varphi_1 + \tan(\alpha + \varphi_2)} \quad (4\text{-}8)$$

式中　　F_W——斜楔对工件的夹紧力（N）；

F_Q——作用在斜楔上的外力（N）；

φ_1——斜楔与工件之间的摩擦角（°）；

φ_2——斜楔与夹具体之间的摩擦角（°）；

α——斜楔升角（°）。

2）斜楔的自锁条件。图 4-37b 所示为作用力撤去 F_Q 后斜楔的受力分析图。要求仍能夹紧工件而斜楔不会自行退出即自锁，必须满足下式

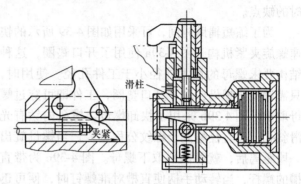

图 4-36　斜楔夹紧机构

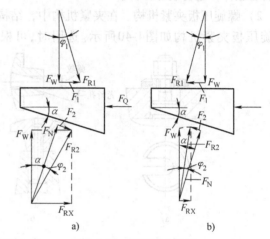

图 4-37　斜楔受力分析

$$F_1 \geqslant F_{Rx}$$
$$F_W \tan\varphi_1 \geqslant F_W \tan(\alpha - \varphi_2) \longrightarrow \tan_1 \geqslant \tan(\alpha - \varphi_2)$$

φ_1、φ_2 和 α 均很小，因此，$\tan\varphi_1 \approx \varphi_1$，$\tan(\alpha - \varphi_2) \approx \alpha - \varphi_2$，上式简化为

$$\alpha \leqslant \phi_1 + \phi_2 \quad (4\text{-}9)$$

由此可知，斜楔自锁条件：斜楔升角须小于斜楔与工件、斜楔与夹具体之间的摩擦角之和。一般钢铁间的摩擦因数 $\mu = 0.1 \sim 0.15$，故其摩擦角 φ_1（或 φ_2）为 $5°43' \sim 8°32'$，由此可得 $\alpha \leqslant 11° \sim 17°$。手动夹紧机构必须自锁，为可靠起见，通常取 $\alpha = 6° \sim 8°$。用气动或液压装置驱动的斜楔可以不需自锁，取 $\alpha = 15° \sim 30°$。

（2）螺旋夹紧机构　螺旋夹紧机构是由螺钉、螺母、垫圈、压板等元件组成的，采用螺旋直接夹紧或与其他元件组合实现夹紧的工作机构。螺旋夹紧机构不仅结构简单、容易制造，而且自锁性能好、夹紧可靠，夹紧力和夹紧行程都较大，是手动夹紧中用得最多的一种夹紧机构。

1）单个螺旋夹紧机构。直接用螺钉或螺母夹紧工件的机构称为单个螺旋夹紧机构。如图 4-38a 所示，螺钉头直接与工件表面接触，转动螺钉时，容易损伤工件表面，或带动工件旋转，一般不宜选用。图 4-38b 所示为常用螺旋夹紧机构，其螺钉头部装有摆动压块（JB/T

8009.1~4—1999），可防止螺杆夹紧时带动工件转动和损伤工件表面。螺杆上部装有手柄，夹紧时不需要扳手，操作方便，且迅速。单个螺旋夹紧机构还具有夹紧动作慢、工件装卸费时的缺点。

　　为了缩短辅助时间，可采用如图 4-39 所示的快速螺旋夹紧机构。图 4-39a 使用了开口垫圈，这种结构要求螺母的最大外径小于工件孔径。使用时，只需稍松开螺母，取下开口垫圈，工件即可穿过螺母取出。图 4-39b 采用了快卸螺母，螺孔内钻有光滑斜孔，其直径略大于螺纹公称直径，当螺母旋出一段距离后，就可倾斜取下螺母。图 4-39c 为带直槽的螺杆，当转动手柄使直槽对准螺钉时，便可迅速抽动螺杆，进行装卸工件。

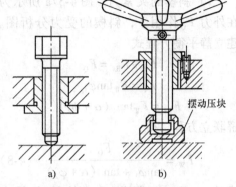

图 4-38　单个螺旋夹紧机构

　　2）螺旋压板夹紧机构。在夹紧机构中，结构形式变化最多的是螺旋压板机构，常用的螺旋压板夹紧机构如图 4-40 所示。选用时，可根据夹紧力的大小、工作高度尺寸的变化范

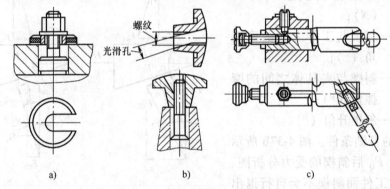

图 4-39　快速螺旋夹紧机构

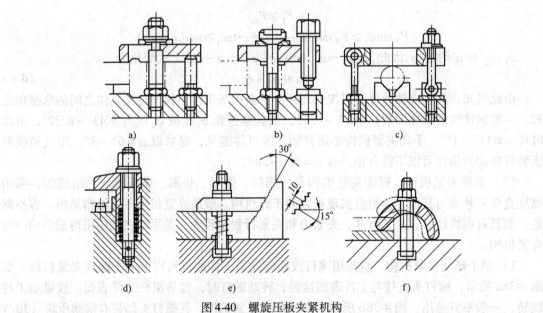

图 4-40　螺旋压板夹紧机构

围、夹具上夹紧机构允许占有的部位和面积进行选择。例如，当夹具中只允许夹紧机构占很小面积，而夹紧力又要求不很大时，可选用如图 4-40a 所示的螺旋压板夹紧机构。又如工件夹紧高度变化较大的小批、单件生产，可选用如图 4-40e、f 所示的通用压板夹紧机构。

3）螺旋的夹紧力。螺旋可以看做是绕在圆柱体上的斜楔，因此，螺钉（或螺母）夹紧力的计算与斜楔相似。图 4-41 所示为夹紧状态下螺杆的受力分析。图中 F_2 为工件对螺杆的摩擦力，分布在整个接触面上，计算时可视为集中在半径为 r' 的圆周上，r' 称为当量摩擦半径，它与接触形式有关（见表 4-6）。F_1 为螺孔对螺杆的摩擦力，也分布在整个接触面上，计算时可视为集中在螺纹中径 d_0 处。根据力矩平衡条件

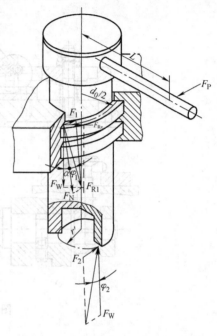

$$F_P L = F_2 r' + F_{Rx} \frac{d_0}{2}$$

$$F_W = \frac{F_P L}{r' \tan\varphi_2 + \dfrac{d_0}{2} \tan(\alpha + \varphi_1)} \qquad (4\text{-}9)$$

式中　F_W——夹紧力（N）；
　　　F_P——作用力（N）；
　　　L——作用力臂（mm）；
　　　d_0——螺纹中径（mm）；
　　　α——螺纹升角（°）；
　　　φ_1——螺纹处摩擦角（°）；
　　　φ_2——螺杆端部与工件间的摩擦角（°）；
　　　r'——螺杆端部与工件间的当量摩擦半径（mm）。

图 4-41　夹紧状态下螺杆的受力分析

表 4-6　螺杆端部的当量摩擦半径

形式	1	2	3	4
	点接触	平面接触	圆周线接触	圆环面接触
简图	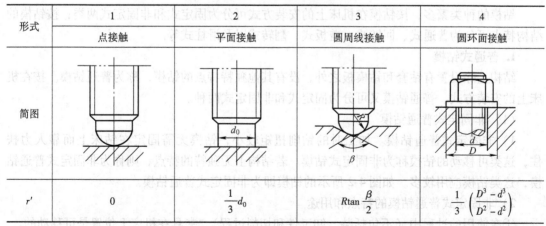			
r'	0	$\frac{1}{3} d_0$	$R \tan \frac{\beta}{2}$	$\frac{1}{3}\left(\dfrac{D^3 - d^3}{D^2 - d^2}\right)$

（3）偏心夹紧机构　偏心夹紧机构是由偏心元件直接夹紧或与其他元件组合而实现对工件夹紧的机构，它是利用转动中心与几何中心偏移的圆盘或轴作为夹紧元件。其工作原理

是基于斜楔工作原理，近似于一个斜楔弯成圆盘形。偏心夹紧机构常用的偏心元件有圆偏心和曲线偏心两种，圆偏心因结构简单、容易制造而得到了广泛应用。图4-42所示为常用的偏心夹紧机构，其中图4-42a、b用的是圆偏心轮，图4-42c用的是偏心轴，图4-42d用的是偏心叉。

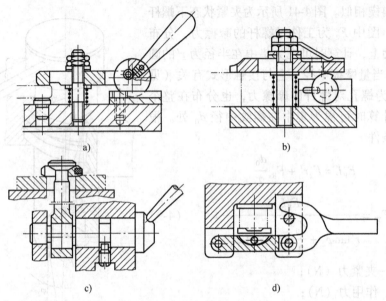

图4-42　偏心夹紧机构

偏心夹紧机构具有结构简单、制造方便、夹紧迅速以及操作方便等优点；其缺点是夹紧力和夹紧行程都较小，自锁能力差，且不抗振。故一般用于切削力不大、振动小、夹压面公差小、没有离心力影响的加工中。

五、常用钻模结构

钻模的种类繁多，按钻模在机床上的安装方式可分为固定式和非固定式两类；按钻模的结构特点可分为普通式、回转式、盖板式、翻转式以及滑柱式等。

1. 普通式钻模

结构上除设置有钻套和钻模板之外，没有其他独特特点的钻模，称为普通钻模。按在机床上的安装方式，普通钻模又可分为固定式和非固定式两种。

（1）非固定式普通钻模

1）非固定式普通钻模。加工时的钻削扭矩较小，钻模无需固定在钻床上而靠人力扶住，这类可移动的钻模称为非固定式钻模。若结构上无独特的特点，则称为非固定式普通钻模，这类钻模应用较多。如图4-2所示的钻模即为非固定式普通钻模。

2）非固定式普通钻模的特点和用途

①在使用的过程中（不包括装、卸工件和切削过程），夹具在机床上位置是可移动的。

②工件的移动方式有自由移动和可控移动两种。

③在小型工件上加工直径小于10mm的小孔或孔系，且钻模和工件的总质量小于15kg

时，宜用自由移动式。

④在大型工件上加工直线排列的孔系时，宜用可控移动式。

（2）固定式普通钻模

1）固定式普通钻模。加工一批工件时位置始终固定不动的钻模，称为固定式钻模。若在结构上无独特的特点，则称为固定式普通钻模。

如图 4-43b 所示为摇臂在立式钻床上钻削 $\phi12mm$ 锁紧孔的工序零件图。毛坯为锻件，$\phi25H7$ 孔及其两端面、$\phi14mm$ 锥孔及其两端面均已加工。

图 4-43a 所示为钻摇臂锁紧孔的固定式普通钻模。工件以一面两孔在定位心轴 6、定位板 8 及菱形销 2 上定位，限制了 6 个自由度。逆时针转动夹紧手柄 3，通过端面凸轮 5 使夹紧杆 7 向左移动，推动转动垫圈 4，将工件夹紧。钻套 9 安装在钻模板 10 上。由于夹具体的形状较复杂，故采用铸造夹具体，夹具体上设置耳座，底部四边铸出凸边。

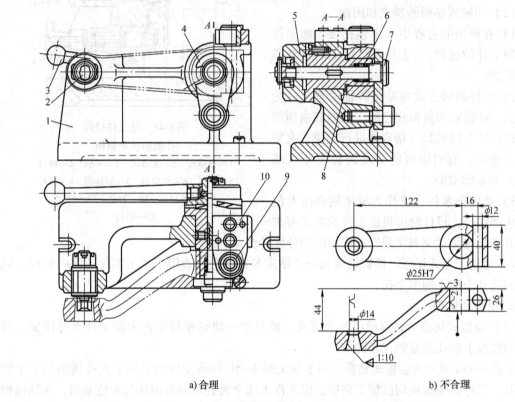

a）合理　　　　　　　　　　　　　b）不合理

图 4-43　钻摇臂锁紧孔的固定式普通钻模
1—夹具体　2—菱形销　3—夹紧手柄　4—转动垫圈　5—端面凸轮
6—定位心轴　7—夹紧杆　8—定位板　9—钻套　10—钻模板

2）固定式普通钻模的特点和用途

①在使用的过程中，夹具在机床上的位置是固定的。

②适用于加工直径大于 10mm 的内孔，以及钻削扭矩较大和孔的加工精度要求较高的场合。

③适用于在单轴立式钻床上加工直径较大的孔，如配以多轴头还可加工平行孔系。

④在摇臂钻床、镗床和多轴专用钻床上可用来加工箱壁平行孔系。

⑤在钻床上安装固定式钻模时，先将装在主轴上的刀具或心轴伸入钻套中，使钻模处于正确位置，然后将其紧固。

2. 回转式钻模

（1）回转式钻模 在中、小批量生产中，加工同一圆周上的平行孔系、同一截面的径向孔系或同一直线上的等距孔系时，钻模上应带有分度装置的钻模称为回转式钻模。如图4-44所示为钻径向孔的回转式钻模，用于依次加工工件上同一截面圆周上等分的若干个径向小孔。

（2）回转式钻模的特点和用途

1）在使用的过程中（不包括装、卸工件和切削工件的过程），工件在机床上的位置是可回转的。

2）工件回转方式按钻模转轴位置可分为立轴式、卧轴式和斜轴式三种。它们都由通用分度转台和专用夹具（指直接进行定位、夹紧部分）组成。有时也可将分度转台设计（或制造）为非标准的。

3）通用分度转台已作为机床附件由专门厂家生产供应，设计时可根据工件的加工要求等，并查阅有关"夹具手册"选用相应的分度转台。

4）适用于立式钻床、摇臂钻床和卧式钻床等钻床上，适用于加工工件的同一表面、同一圆周或几个面上的多个孔。

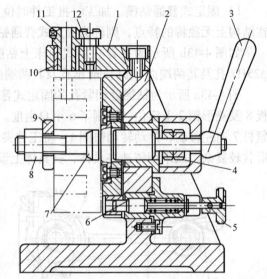

图4-44 钻工件径向
孔的回转式钻模

1—钻模板 2—夹具体 3—手柄 4—螺母
5—把手 6—对定销 7—圆柱销 8—螺母
9—快换垫圈 10—衬套 11—钻套
12—螺钉

3. 盖板式钻模

（1）盖板式钻模 钻模最原始的形式，就是把一块钻模板盖在大型工件上并压紧，便可将钻模板上的孔系复制在工件上。

如图4-45a所示为盖板式钻模，用于加工图4-45b所示主轴箱上两个大孔周围的7个螺纹底孔，工件其他表面均已加工完毕。以工件上两个大孔及其端面作为定位基面，在钻模板的圆柱销2、菱形销6及四个定位支承钉1组成的平面上定位。钻模板在工件上定位后，旋转螺杆5，推动钢球4向下，钢球同时使三个柱塞3外移，将钻模板夹紧在工件上，该夹紧机构称为内涨器（GB/T 2217—1999）。

（2）盖板式钻模的特点和用途

1）它是无夹具体的特殊钻模，其定位元件、夹紧装置及钻套均设在钻模板上，钻模板在工件上夹夹。但在装卸工件时须将它拆卸下来。

2）为装卸方便，钻模质量应小于10kg，且应有手柄或手把。

3）适用于钻孔后需要锪面、倒角和攻螺纹等情况。

4）常用于床身、箱体等大型工件上的小孔加工，也可用于在中、小工件上钻孔。加工

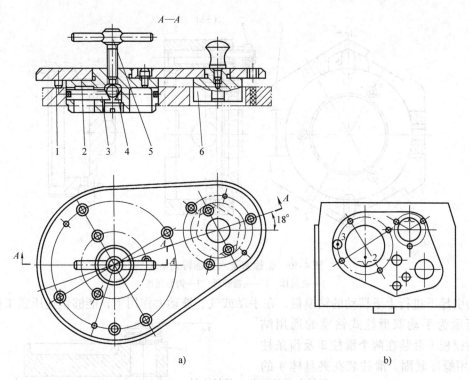

图 4-45　钻主轴箱 7 孔的盖板式钻模
1—支承钉　2—圆柱销　3—柱塞　4—钢球　5—螺杆　6—菱形销

小孔的盖板式钻模，因钻削力矩小，可不设置夹紧装置。

此类钻模结构简单、制造及使用方便、成本低廉、加工孔的位置精度较高，在小批和成批生产中均可使用，因此应用很广。

4. 翻转式钻模

（1）翻转式钻模　翻转式钻模也属于一种非固定式钻模，工件一次性装夹到钻模中后，可以借助钻模使用过程中的手动翻转，更换钻模相对刀具的加工方向和安装基面，从而可依次完成工件不同加工面上不同方位的孔加工。

如图 4-46a 所示为翻转式钻模，用于加工图 4-46b 所示螺塞上三个轴向孔和三个径向孔。工件以螺纹大径及台阶面在夹具体 1 上定位，用两个钩形压板 3 压紧工件，夹具体 1 的外形为六角形，工件一次装夹后，可完成六个孔的加工。

（2）翻转式钻模的特点和用途

1）在使用过程中（不包括装、卸工件和切削工件的过程），工件在机床上的位置是可翻转的，其结构一般呈箱型，故又名箱型钻模。

2）钻模连同工件的总质量不宜超过 10kg，并装有手柄以便于翻转。

3）主要用于加工小型工件不同表面上的孔。它的结构比回转式钻模简单，适合于中、小批量工件的加工。

5. 滑柱式钻模

（1）滑柱式钻模　滑柱式钻模是带有升降钻模板的通用可调夹具，它具有能够在两个

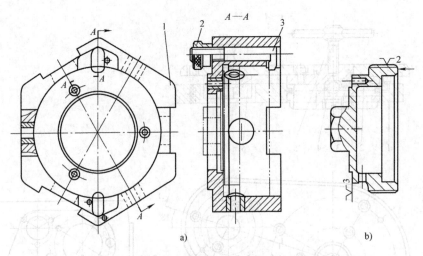

图 4-46　钻螺塞上六孔翻转式钻模
1—夹具体　2—夹紧螺母　3—钩形压板

滑柱的引导下进行上下移动的钻模板，在手动或气、液动力作用下，能够快速压紧工件。图

4-47 所示为手动双滑柱式钻模的通用结构。钻模板 1 套装在两个滑柱 2 及齿条柱 3 上，用螺母紧固。滑柱装在夹具体 4 的导向孔中，转动手柄 7 时，齿轮轴 6 上螺旋角为 45°的螺旋齿轮传动齿条柱 3，带动钻模板 1 上、下移动。齿轮轴 6 的一端制成双向锥体，锥度为 1∶15，与夹具体 4 及套环 5 的锥孔配合。当钻模板下降而夹紧工件时，齿轮轴受轴向分力，使锥体楔紧在夹具体的锥孔中。由于锥角小，具有自锁性能，加工过程中不会松动。加工结束，钻模板升到最高处时，可使另一段锥面楔紧在套环 5 的锥孔中。由于自锁作用，在装卸工件时，钻模板不会因自身重量而下降。

　　滑柱式钻模的平台上可根据需要安装定位装置，钻模板上可设置钻套、夹紧元件及定位元件等。滑柱式钻模的结构尺寸，可查阅有关的"夹具手册"。

　　（2）滑柱式钻模的特点和用途

　　1）滑柱式钻模操作方便、迅速，其通用结构已标准化、系列化，使用部门仅需设计定位、夹紧和导向元件，从而缩短了设计及制造周期。

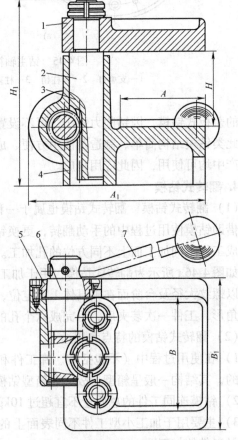

图 4-47　手动双滑柱式钻模的通用结构
1—钻模板　2—滑柱　3—齿条柱　4—夹具体
5—套环　6—齿轮轴　7—手柄

2）滑柱与导向孔之间的配合间隙会影响加工孔的垂直精度。

3）夹紧工件时，钻模板上将承受夹紧反力。为避免钻模板变形而影响加工精度，钻模板应有一定的厚度，并设置加强肋，以增加刚度。

4）适用于钻铰中等精度的孔和孔系。

六、钻套及钻模板

1. 钻套

钻套分为标准钻套和特殊钻套两大类。

（1）标准钻套　标准钻套分为固定钻套、可换钻套和快换钻套三种，如图 4-48 所示。

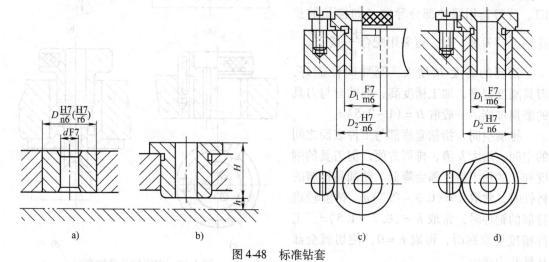

图 4-48　标准钻套

1）固定钻套（JB/T 8045.1—1999）。如图 4-48a、b 所示，分 A、B 型两种，钻套安装在钻模板或夹具体中，其配合 $\frac{H7}{n6}$ 或 $\frac{H7}{r6}$。固定钻套结构简单，钻孔精度高，适用于单一钻孔工序和小批生产。

2）可换钻套（JB/T 8045.2—1999）。如图 4-48c 所示，当工件为单一钻孔工步且大批量生产时，便于更换磨损的钻套，选用可换钻套。钻套与衬套之间采用 $\frac{F7}{m6}$ 或 $\frac{F7}{k6}$ 配合，衬套与钻模板之间采用 $\frac{H7}{n6}$ 配合。当钻套磨损后，可卸下螺钉，更换新的钻套，螺钉可防止钻套脱出。

3）快换钻套（JB/T 8045.3—1999）。如图 4-48d 所示，当工件需钻、扩、铰多工步加工时，为快速更换不同孔径的钻套，应选用快换钻套。更换钻套时，将钻套缺口转至螺钉处，取出钻套。削边方向应考虑刀具旋向，以免钻套自动脱出。

（2）特殊钻套　因工件的形状或被加工孔的位置需要而不能使用标准钻套时，需自行设计的钻套称为特殊钻套。常用的特殊钻套如图 4-49 所示，图 4-49a 所示为加长钻套，在加工凹面上的孔时使用，为减少刀具与钻套的摩擦，可将钻套引导高度以上的孔径放大。图 4-49b 所示为斜面钻套，用于在斜面或圆弧面上钻孔，排屑空间的高度 $h < 0.5\text{mm}$，可增加钻头刚度，避免钻头引偏或折断。图 4-49c 所示为近孔距钻套，在一个钻套上加工出几个近距离的小孔，用定位销确定钻套方向。图 4-49d 所示为兼有定位与夹紧功能的钻套，钻套与

衬套之间一段为圆柱间隙配合，一段为螺纹联接，钻套下端为内锥面，具有对工件定位、夹紧和引导刀具三种功能。

（3）钻套的尺寸及公差　一般钻套导向孔的公称尺寸取刀具的上极限尺寸，钻孔时其公差取 F7 或 F8，粗铰孔时公差取 G7，精铰孔时公差取 G6。若被加工孔为基准孔（如 H7、H9）时，钻套导向孔的公称尺寸可取被加工孔的公称尺寸，钻孔时其公差取 F7 或 F8，铰 H7 孔时取 F7，铰 H9 孔时取 E7。若刀具用圆柱部分导向（如接长的扩孔钻、铰刀等）时，可采用配合 $\frac{H7}{g6}$ 或 $\frac{H7}{f6}$。

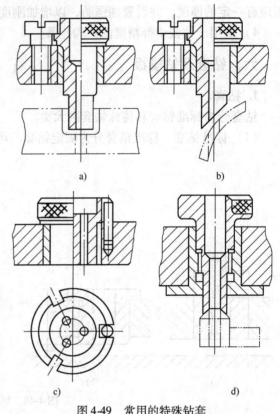

钻套的高度 H 增大，则导向性能好，刀具刚度提高，加工精度高，但钻套与刀具的磨损加剧。一般取 $H = (1 \sim 2.5)d$。

排屑空间 h 指钻套底部与工件表面之间的空间。增大 h 值，排屑方便，但刀具的刚度和孔的加工精度都会降低。钻削易排屑的铸铁时，常取 $h = (0.3 \sim 0.7)d$；钻削较难排屑的钢件时，常取 $h = (0.7 \sim 1.5)d$。工件精度要求高时，可取 $h = 0$，使切屑全部从钻套中排出。

图 4-49　常用的特殊钻套

2. 钻模板结构形式的选择和设计

钻模板用于安装钻套，并确保钻套在钻模上的位置正确。常用的钻模板有固定式钻模板、铰链式钻模板和可卸式钻模板三种。

（1）固定式钻模板　固定在夹具体上的钻模板称为固定式钻模板。图 4-50a 所示为钻模板与夹具体铸成一体；图 4-50b 所示为两者焊接成一体；图 4-50c 所示为用螺钉和销钉联接的钻模板，这种钻模板可在装配时调整位置，因而使用较广泛。固定式钻模板结构简单、钻孔精度高。

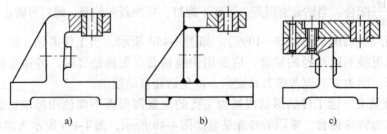

图 4-50　固定式钻模板

（2）铰链式钻模板　当钻模板妨碍工件装卸时，可用如图 4-51 所示的铰链式钻模板。铰链销 1 与钻模板 5 的销孔采用 $\frac{G7}{h6}$ 配合，与铰链座 3 的销孔采用 $\frac{N7}{h6}$ 配合。钻模板 5 与铰链座 3 之间采用 $\frac{H8}{g7}$ 配合。钻套导向孔与夹具安装面的垂直度可通过调整两个支承钉 4 的高度加以保证。加工时，钻模板 5 由菱形螺母 6 锁紧。由于铰链销孔之间存在配合间隙，用此类钻模板加工的工件精度比固定式钻模板低。

设计铰链钻模板的几个注意事项：一是铰链钻模板上钻套的轴线必须与夹具底座的底面垂直，为此，通常采用修磨夹具上与钻模板贴合的平面，或在装配后加工与钻模板上钻套相配合的孔；二是为了防止铰链钻模板在松开翻转后不至于倾倒，设计钻模板的尾部时，应设有搁置结构；三是为了防止铰链轴与孔间的磨损，必要时在与铰链轴活动配合的零件上镶装淬硬的耐磨衬套。

（3）可卸式钻模板　可卸式钻模板适用于中小批量生产中，在钻孔后需继续进行锪孔、倒角及攻螺纹等工序或大型工件的局部加工。在图 4-52 所示的气动可卸式钻模上，采用了可卸钻模板 3。工件先在可更换预定位元件（定位板 4）上预定位，可卸钻模板 3 与工件止口配合实现五点定位，夹紧气缸 6 的活塞杆（夹紧拉杆 1）通过开口垫圈 2 将可卸钻模板 3 与工件一起压紧。这类钻模板的定位精度高，可与工件一起装卸，但装卸费时。

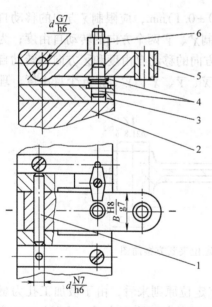

图 4-51　铰链式钻模板

1—铰链销　2—夹具体　3—铰链座
4—支承钉　5—钻模板　6—菱形螺母

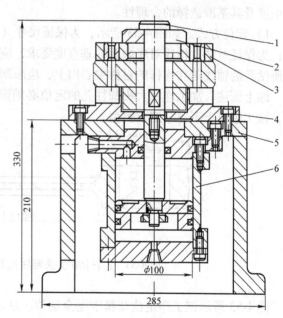

图 4-52　可卸式钻模板

1—夹紧拉杆　2—开口垫圈　3—可卸钻模板
4—定位板　5—夹具体　6—夹紧气缸

设计可卸式钻模板有两个注意事项。一是可卸钻模板的定位问题，①利用工件上的一些结构直接定位。如图 4-52 所示，可卸钻模板 3 与工件止口配合实现五点定位。②在可卸钻模板上专门设计两个孔进行定位，同时在夹具体上相对应位置设置两个限位销轴，即可实现准确定位，但必须在结构上采取措施，防止可卸钻模板方向装错。二是可卸式钻模板的质量以不超过 10kg 为宜，对尺寸较大的则可用铝合金铸件，多开减轻孔，并用加强肋来增加其刚度。

任务实施

设计加工表4-1中零件钻孔工序的钻模夹具一套。

一、拟订钻模类型

根据原始资料的收集整理可知：连杆的生产类型为批量，其结构简单，尺寸较小；本工序为钻、扩大头圆柱孔，加工要求不高。因此所设计的钻模结构不宜过于复杂，应在保证连杆质量和提高生产率的前提下，尽可能地简化钻模结构，以缩短设计和制造周期及降低生产成本。

综上所述，根据各类常用钻模的结构特征和适用范围，初步拟订本工序的夹具为固定式普通钻模。

二、拟订钻模的结构方案

1. 拟订定位方案及其定位装置的结构

（1）拟订加工连杆大头圆柱孔的定位方案　根据本工序加工要求来分析其必须限制的自由度及其基准选择的合理性。

1）定位方式。如图4-53所示，为保证尺寸（160 ± 0.1）mm，应限制$\vec{X}$方向的移动自由度；为保证所钻孔轴线对底端面的垂直度要求，应限制$\widehat{X}$、$\widehat{Y}$两个方向的转动自由度；为保证所钻孔的轴线落在连杆的对称中心面上，应限制$\vec{Y}$方向的移动自由度和$\widehat{Z}$方向的转动自由度。综上所述，加工连杆大头圆柱孔的定位必须限制$\vec{X}$、$\vec{Y}$、$\widehat{X}$、$\widehat{Y}$、$\widehat{Z}$五个自由度。理论上，该工序属于不完全定位类型。

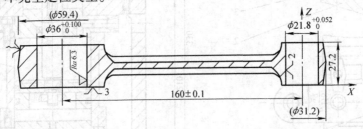

图4-53　连杆钻扩大头圆柱孔工序定位夹紧方案简图

图4-53所示该工序定位却属于完全定位。从六点定位原则来看，由于被加工孔为贯通孔，因此其贯通方向的移动自由度是无需限制的。但从具体加工实际来看，$\vec{Z}$这个自由度应该被限制，因为钻模中必须要设置一个垂直$\vec{Z}$方向的最主要的受力支承面，它也是确定钻模板在$\vec{Z}$方向高度位置的基准。

综上所述，该工序的加工应限制六个自由度，即属于完全定位类型。

2）基准的合理性及定位元件的基本结构

①为保证所钻孔轴线对底端面的垂直度要求，按"基准重合原则"，应选底端面作为定位基准。根据本工序的加工要求和加工过程，底端面应作为该工序的主要基准，设置三个限位点即限制三个自由度。具体而言，在连杆两头的底端面处，设置两个等高的圆柱凸台作为定位元件。

②为保证所钻孔对小头圆柱孔的中心距要求，按"基准重合原则"，应选小头圆柱孔轴

线作为定位基准，其定位基面为小头圆柱孔。根据加工要求，并结合上述主要基准的选择，小头圆柱孔应限制两个自由度。具体而言，此处可选定位销作为定位元件。

③经过上述的选用，现仅剩$\overset{\frown}{z}$自由度未限制，即防转。从定位抽象角度看，连杆实现防转定位可有两种方案（但只可选择其中一种）。一是用一个活动薄V形块贴靠大头外圆，这一方案可以保证被加工孔轴线落在对称中心面上；二是用一个防转销贴靠大头的前（或后）素线，由于大头外圆的加工误差，故这一方案难以保证被加工孔轴线落在对称中心面上。根据加工要求，应选择活动薄V形块贴靠大头外圆。

（2）选择定位元件，确定定位装置

1）大、小头底端面的定位元件。大、小头底端面是两个分离的且不大的圆形平面，再加上所加工的通孔要求，因此连杆大、小头处不能采用固定支承。为简化钻模结构，直接采用夹具体3上两个圆柱凸台端面作为限位基面。

2）小头圆孔的定位元件。选用固定式定位销 A21.8f7$\binom{-0.020}{-0.041}$×14　JB/T 8014.2—1999 作为小头圆孔的定位元件，如图4-54所示的定位销1。

3）大头外圆的定位元件。选用活动V形块 B55　JB/T 8018.4—1999 作为大头外圆的防转定位元件，即图4-54所示的活动V形块4。

（3）分析计算定位误差

1）Z方向的定位误差 Δ_D。被加工孔为贯通孔，且基准重合。因此，Z方向不存在定位误差。

2）Y方向的定位误差 Δ_D。如图4-54所示，工序基准为连杆对称中心面，定位基准也为连杆对称中心面，两者重合，故 $\Delta_B = 0$。

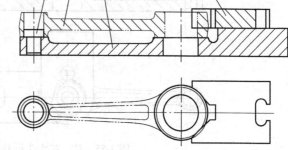

图4-54　连杆定位装置图
1—定位销　2—连杆　3—夹具体　4—活动V形块

由于在活动V形块的作用下，导致小头圆柱孔与销的定位副两右素线固定紧贴，定位基准与限位基准（V形的对中面）重合，故 $\Delta_Y = 0$。

因此，Y方向的定位误差 $\Delta_D = \Delta_B + \Delta_Y = 0$。

3）X方向的定位误差 Δ_D。如图4-54所示，工序基准（小头圆孔轴线）与定位基准重合，故 $\Delta_D = 0$。

定位副为间隙配合的孔与销，且在具有对中性的活动V形块的推动作用下形成单边固定接触，即定位副 $\phi21.8$mm 的两个右素线保持固定接触，因而存在基准位移误差，且只为定位副左侧的单边间隙。按式（4-3）得

$$\Delta_Y = \frac{\delta_D + \delta_d}{2}\cos\alpha = \frac{0.052 + 0.021}{2}\text{mm} \times \cos 0° = 0.0365\text{mm}。$$

工序基准不在定位基面上，故定位误差的合成按式（4-7）得

$$\Delta_D = \Delta_Y + \Delta_B = 0.0365\text{mm} + 0 = 0.0365\text{mm}$$

按式（4-1）可知

$$\Delta_D = 0.0365\text{mm} < \frac{\delta}{3} = 0.067\text{mm}$$

通过分析和计算定位误差，图4-54的定位能满足连杆大头圆柱孔的加工要求。

2. 拟订导向方案及导向装置

由表4-1可知，加工方案为钻和扩，因此选用快换钻套。刀具为麻花钻 $\phi20mm$（和 $\phi36mm$） P30 GB/T 10946—1989，两个钻套不在同一尺寸系列中，因此按扩孔的麻花钻 $\phi36mm$ 来选用快换钻套（钻套 36F7×55k6×30 JB/T 8045.3—1999）。麻花钻 $\phi20mm$ 的钻套为非标准钻套，钻套孔直径为 $\phi20F7$，其他结构尺寸应与麻花钻 $\phi36mm$ 的标准钻套一样。选用衬套 A55×30 JB/T 8045.4—1999。选用钻套螺钉 M10×7 JB/T 8045.5—1999。

钻难排屑的钢件时，排屑空间 $h=(0.7\sim1.5)d$，按扩孔直径取 $h=30.8mm$。

连杆质量轻、体积小，排屑空间足够装卸连杆，故钻模板可采取固定式钻模板，且与夹具体采用装配式联接，即用螺钉及销联接。本工序钻模的钻模板结构如图4-55所示的钻模板4。

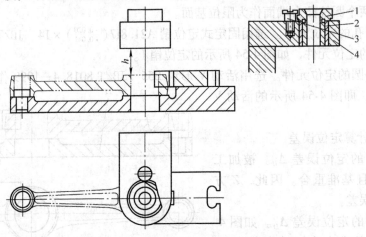

图4-55 钻、扩大头圆柱孔的导向装置
1—钻（扩）套 2—衬套 3—钻套螺钉 4—钻模板

3. 拟订夹紧方案及夹紧装置的结构

（1）拟订夹紧方案 初步选定在连杆大头外圆的上端夹紧工件（图4-53），夹紧力方向斜向下。因此，夹紧力方向指向第一和第二定位基面，使定位可靠。同时，夹紧力 Z 方向的分力与钻削力方向一致，可减小夹紧力。

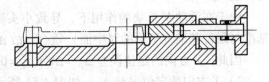

（2）夹紧机构 采用活动 V 形块4（图4-54）为夹紧元件。为保证夹紧可靠，结构简单，并结合已经选用的活动 V 形块，因而夹紧机构采用螺旋夹紧机构，如图4-56所示。

选用导板 A65 JB/T 8019—1999，选用压紧螺钉 CM20×120 JB/T 8006.1—1999。标准的螺钉支座（JB/T 8036.1—1999）高度过大，无法采用，因此螺钉支座4为非标件。因标准的星形把手（JB/T 8023.2—1999）无20

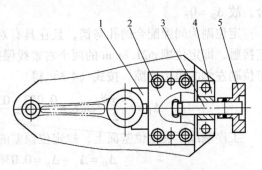

图4-56 连杆夹紧装置简图
1—活动 V 形块 2—导板 3—压紧螺钉
4—螺钉支座 5—星形把手

规格的，为减少加工，特将 A16 规格的星形把手的内孔改为 ϕ20mm，其他结构尺寸均不改变。

（3）夹紧的可靠性　在钻床上钻削大头圆柱孔的加工过程中，工件受力的来源主要有两个：一个是钻削产生的，另一个是夹紧所产生的。其他如重力，由于很小，因此可忽略不计。从连杆的定位及夹紧方式（图 4-56）分析，在钻削过程中，连杆不会产生任何移动和转动。该钻模采用的螺旋手动夹紧机构是可靠的。

4. 拟订夹具体的结构

由于该钻模采用固定式普通钻模，钻模板连接采用螺钉（及销）装配式结构，因此夹具体拟采用半开式结构，整个夹具体侧视类似于"乛"形。在"乛"形的垂直壁顶上安装钻模板，以便于加工、观察和清理切屑等。

夹具体毛坯采用铸件，材料为 HT200。

三、绘制钻模结构草图

根据上述的分析和计算，结合图 4-54（定位装置）、图 4-55（导向装置）和图 4-56（夹紧装置），绘制钻连杆大头圆柱孔的钻模草图，如图 4-57 所示。

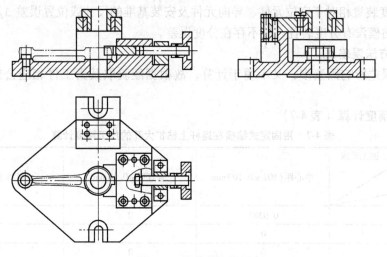

图 4-57　钻模装配草图

四、校核夹具的精度

由表 4-1 中的工序图可知，本工序所设计的钻模需保证的加工要求有：两孔中心距尺寸 (160 ± 0.1)mm；按 GB/T 1184—1996 的 H 级规定，未注的被加工孔轴线分别相对底面的垂直度 ϕ0.20mm 和对连杆对称中心面的对称度 0.5mm。

1. 定位误差

由以上分析计算定位误差可知：

1）中心距尺寸的定位误差 $\Delta_D = 0.0365$mm。

2）被加工孔垂直度的定位误差 $\Delta_D = 0$。

3）被加工孔对称度的定位误差 $\Delta_D = 0$。

2. 对刀误差 Δ_T

由于受钻套孔的约束，所以一般情况下，被加工孔中心与钻套中心重合，也就是 Δ_T 趋于零。

3. 夹具的安装误差 Δ_A

本工序的安装基面为平面，且在钻床上安装固定式钻模时，先将装在主轴上的刀具或心轴伸入钻套中，使钻模处于正确位置，然后将其紧固。故没有安装误差，即 $\Delta_A = 0$。

4. 夹具误差 Δ_J

（1）定位元件相对于安装基准的尺寸或位置误差 Δ_{J1} 夹具体上两凸台的限位基面与安装基准的平行度为 0.02mm，其影响了中心距精度，也影响了被加工孔的垂直度和对称度。

（2）定位元件相对于导向元件（包含导向元件之间）的尺寸或位置误差 Δ_{J2}

1）定位元件与导向元件间的尺寸或位置误差。钻套孔对定位销与 V 形块的公共对称面的对称度为 0.02mm，其影响了中心距精度和被加工孔的对称度，但不影响垂直度。

2）导向元件之间的尺寸或位置误差。钻套与衬套之间配合 $\left(\phi55 \dfrac{F7 \left({}^{+0.060}_{+0.030} \right)}{k6 \left({}^{+0.021}_{+0.002} \right)} \right)$ 的最大间隙为 0.058mm，其影响了工件的中心距精度和被加工孔的对称度，而不影响被加工孔的垂直度。

（3）导向元件相对于安装基准的尺寸或位置误差 Δ_{J3} 导向孔与安装基准的垂直度为 0.02mm，其影响了中心距精度，也影响了被加工孔的垂直度和对称度。

（4）分度装置相对于定位元件、导向元件及安装基准的尺寸或位置误差 Δ_F

本工序钻模没有分度装置，故不存在分度误差。

5. 加工方法误差 Δ_G

因该项误差影响因素多，又不便于计算，故根据经验取其为工件相应公差的 1/3，即 $\Delta_G = \Delta_k/3$。

6. 加工精度计算（表 4-7）

表 4-7 用固定式钻模在连杆上钻扩大孔的加工精度计算

误差名称 \ 加工要求	中心距 (102 ± 0.10) mm	垂直度 $\phi 0.20$ mm	对称度 0.5mm
Δ_D	0.0365	0	0
Δ_T	0	0	0
Δ_A	0	0	0
Δ_J	$\Delta_{J1} = 0.02$	$\Delta_{J1} = 0.02$	$\Delta_{J1} = 0.02$
	$\Delta_{J2} = 0.02 + 0.058$	$\Delta_{J2} = 0$	$\Delta_{J2} = 0.02 + 0.058$
	$\Delta_{J3} = 0.02$	$\Delta_{J3} = 0.02$	$\Delta_{J3} = 0.02$
Δ_G	$(0.2/3) = 0.067$	$(0.1/3) = 0.033$	$(0.5/3) = 0.167$
$\sqrt{\sum \Delta_i^2}$	0.102	0.043	0.18
δ	0.20	0.1	0.5
	$\sqrt{\sum \Delta_i^2} < \delta$	$\sqrt{\sum \Delta_i^2} < \delta$	$\sqrt{\sum \Delta_i^2} < \delta$

注：$\sqrt{\sum \Delta_i^2}$ 为概率误差计算值，δ 为工件公差值。

因此，该钻模能满足连杆的各项精度要求。

五、绘制夹具装配图

根据图 4-57 的钻模结构草图，按夹具装配图应标注的尺寸、公差和技术要求，以及各类机床夹具公差和技术要求制订的依据和具体方法，绘制钻模装配图，如图 4-58 所示。

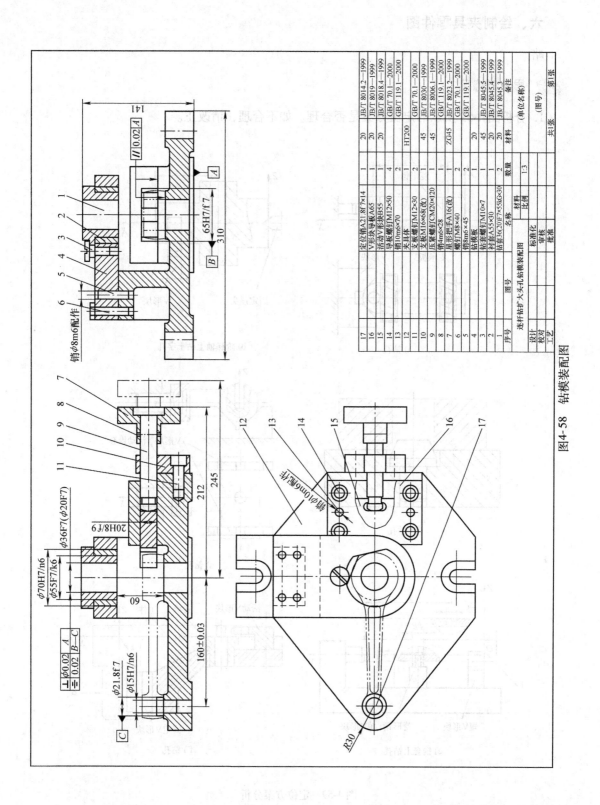

序号	名称	数量	材料	备注
17	定位销A21.8f7×14	1	20	JB/T 8014.2—1999
16	V形块导板A65	1	20	JB/T 8019—1999
15	活动V形块B55	1		JB/T 8018.4—1999
14	导板螺钉M12×50	4		GB/T 70.1—2000
13	销10m6×70	2		GB/T 119.1—2000
12	夹具体	1	HT200	
11	支板螺钉M12×30	2		GB/T 70.1—2000
10	支板M16×68(改)	1	45	JB/T 8030—1999
9	压紧螺钉CM20×120	1	45	JB/T 8006.1—1999
8	销4m6×28	1		GB/T 119.1—2000
7	星形把手A16(改)	1	ZG45	JB/T 8023.2—1999
6	销8m6×45	2		GB/T 119.1—2000
5	钻模板	1	20	
4	螺钉M8×40	2		GB/T 70.1—2000
3	钻套螺钉M10×7	1	45	JB/T 8045.5—1999
2	衬套A55×30	1	20	JB/T 8045.4—1999
1	钻套36(20)F7×55KG×30	1	20	JB/T 8045.3—1999
序号	名称	数量	材料	备注

图号		连杆钻扩大头孔钻模装配图			
设计			标准化	比例	1:3
校对			审核		
工艺			批准	(图号)	

（单位名称）　　共1张　第1张

图 4-58　钻模装配图

137

六、绘制夹具零件图

略

 思考与练习

1. 分析图 4-59 所示的定位方案是否合理。如不合理，请改正。

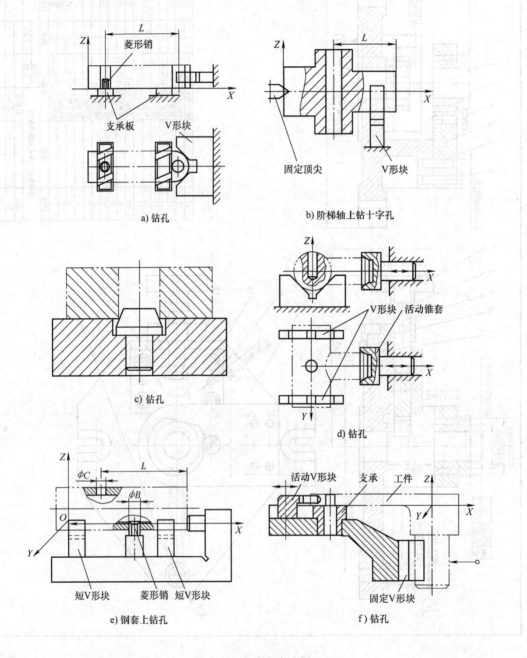

图 4-59　定位方案分析

2. 如图 4-60 所示，根据工件加工要求，分析各工序理论上应该限制哪些自由度？

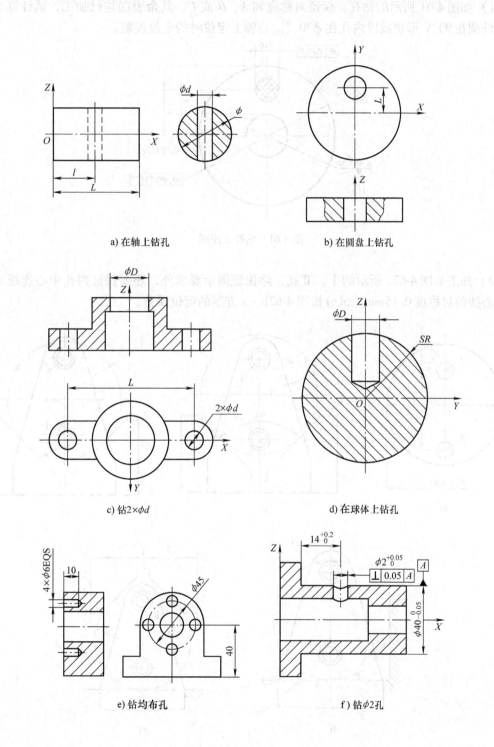

a) 在轴上钻孔　　　　　　　　　　b) 在圆盘上钻孔

c) 钻2×φd　　　　　　　　　　d) 在球体上钻孔

e) 钻均布孔　　　　　　　　　　f) 钻φ2孔

图 4-60 限制自由度分析

3. 定位误差分析及计算。

1）如图 4-61 所示的钻孔，保证对称度和 A、B 或 C，其余表面均已加工，试计算当工件以外圆在 90°V 形块或以内孔在 $\phi 30_{-0.021}^{0}$ 心轴上定位时的定位误差。

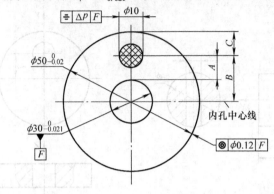

图 4-61　钻孔工序图

2）加工如图 4-62a 所示的 Ⅰ、Ⅱ孔，除保证图示要求外，还要保证两孔中心连线对外圆中心线的对称度 0.15mm，试分析图 4-62b~e 方案的定位误差。

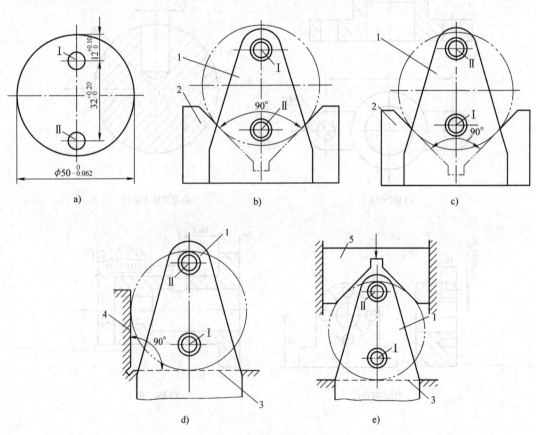

图 4-62　定位误差分析

1—钻模板　2—V 形块　3—水平限位面　4—铅垂限位面　5—活动 V 形块

4. 如图 4-63 所示，进行夹紧与结构分析，并改错。

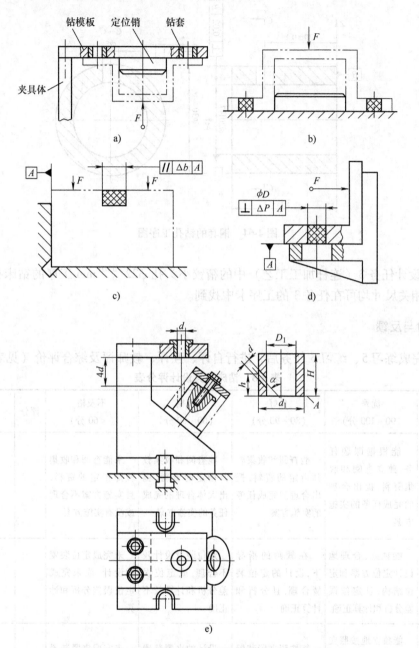

图 4-63　夹紧与结构分析（结构错误至少有 6 处）

5. 如图 4-64 所示，本工序需在钢套上钻 $\phi5\,\mathrm{mm}$ 孔，应满足如下加工要求：

1）$\phi5\,\mathrm{mm}$ 孔轴线到端面 B 的距离为 $(20\pm0.1)\,\mathrm{mm}$。

2）$\phi5\,\mathrm{mm}$ 孔对 $\phi20H7$ 孔的对称度公差为 $0.1\,\mathrm{mm}$。

3）已知工件材料为 Q235A 钢，批量 $N=500$ 件。

试设计钻 $\phi5\,\mathrm{mm}$ 孔的钻床夹具。

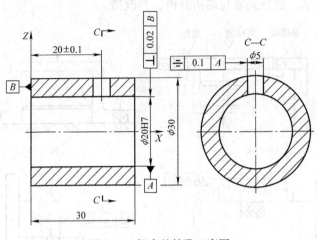

图 4-64　钢套的钻孔工序图

6. 试设计任务 3（连杆加工工艺）中的精铰小头孔 $\phi 22\,^{+0.021}_{0}$ mm 工序的钻床夹具。该连杆的其他相关尺寸均可在任务 3 的工序卡中找到。

评价与反馈

通过完成练习 5、练习 6 任务后，进行自评、互评、教师评及综合评价（见表 4-8）。

表 4-8　钻床夹具设计评分表

项目	权重	优秀 （90~100分）	良好 （80~90分）	及格 （60~80分）	不及格 （<60分）	评分	备注
查阅收集	0.10	能根据课题任务，独立查阅和收集资料，提出合理的完成任务的实施方案	能查阅和收集教师指定的资料，提出合理的完成任务的实施方案	能查阅和收集教师指定的资料，提出大体合理的完成任务的实施方案	未能查阅和收集教师指定的资料，且实施方案不合理或没有实施方案		
定位设计	0.15	能独立、合理地设计定位方案和定位结构，且定位误差分析和计算正确	在教师的指导下，设计的定位装置合理，且分析和计算正确	定位装置设计较不合理，或定位误差分析和计算较不正确	未完成定位装置的设计，或未完成定位误差分析和计算		
夹紧设计	0.15	能独立地按照夹紧装置的设计原则进行夹紧装置的设计	能按照夹紧装置的设计原则进行夹紧装置的设计	设计的夹紧装置基本符合夹紧装置的设计原则	未完成夹紧装置的设计或不符合夹紧装置的设计原则		
其他	0.15	能独立、合理地选用、设计和布置其他元件及装置	能合理地选用、设计和布置其他元件及装置	其他元件及装置选用较不合理，或设计较不合理，或布置较不合理	未完成其他元件及装置的选用、设计，或布置的工作		

（续）

项目	权重	优秀 (90~100分)	良好 (80~90分)	及格 (60~80分)	不及格 (<60分)	评分	备注
设计图样	0.20	能独立绘制夹具装配图和夹具中的非标零件图，且其各部结构及其关系表达清晰	在教师的指导下，绘制夹具装配图和夹具中的非标零件图	能绘制夹具装配图和夹具中的非标零件图，但其各部结构及其关系表达不清晰	未完成夹具装配图或零件图的绘制		
设计说明书	0.20	说明书的结构严谨，逻辑性强，论述层次清晰，数据或公式等来源可靠，理论分析与计算正确，文字及语句准确、流畅，完全符合规范要求	说明书的结构合理，逻辑合理，论述层次清晰，数据或公式等来源有依据，理论分析与计算基本正确，文字及语句准确、流畅，达到规范要求	说明书的结构合理，论述层次基本清楚，数据或公式等来源不清，理论分析与计算基本正确，文理基本通顺，勉强达到规范要求	结构及逻辑混乱，数据或公式等无任何依据，理论分析和计算有原则错误，文理表达不清，有较多错别字，达不到规范要求		
创新	0.05	有重大改进或独特见解，有一定实用价值	有一定改进或新颖的见解，实用性尚可	无创新，且实用价值较低	无创新，且无实用价值		

143

任务5　车床夹具设计

5

在车床上用来加工工件的内、外回转面及端面的夹具称为车床夹具。车床夹具多数安装在车床主轴上，少数安装在车床的床鞍或床身上，由于后一类夹具应用很少，属机床改装范畴，故本节不作介绍。

在大、中批量生产中，若零件的形状不规则，但对零件上的内（或外）回转面及端面采用车削加工时，一般都采用车床专用夹具来装夹工件。

车床一般具有较多的通用夹具，如自定心卡盘、单动卡盘、花盘、偏心卡盘、前后顶尖以及拨盘与鸡心卡头等，且带有很多夹具附件，均可组合使用。一般在中、小批量生产中，尽量采用通用夹具或将通用夹具及附件进行组合成为类似的专用夹具来装夹工件。倘若行不通，则需要设计专用夹具。

学习目标

1. 能够根据工序图及其他工艺资料设计工件的车削装夹方案。

2. 能够根据工件结构及其加工要求，选择车床夹具类型，并按其特征进行相关的设计。

3. 能够绘制车床夹具装配图。

4. 能够编写车床夹具的设计说明书。

📖 **任务描述**

某企业接到一批表 5-1 所示的开合螺母产品生产订单，数量为 5000 件/年的加工任务。其中一道工序要完成开合螺母零件中精度要求较高的 $\phi40$mm 孔及端面的车削加工，为了更快更好地完成该任务，现需要组织技术人员设计该工序的车床夹具。

表 5-1　开合螺母车内孔及端面的夹具设计任务表

工件名称	开合螺母	机床型号	普通车床 C620
材料	HT200	夹具类型	专用夹具（设计任务）
生产类型	批量	同时装夹工件数	1 件
刀具	通孔车刀和端面车刀		
工序内容及要求	精车 $\phi40$mm 孔及端面		

（续）

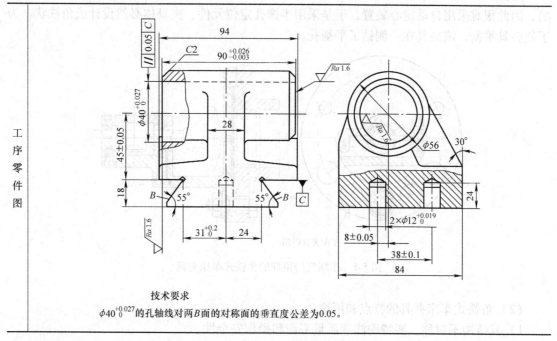

工序零件图

技术要求

$\phi 40^{+0.027}_{0}$ 的孔轴线对两 B 面的对称面的垂直度公差为0.05。

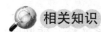

任务分析

在设计车床夹具时，首先要学习车床夹具设计的相关知识，即要分析和解决一般夹具所共有的定位和夹紧问题，也要分析和解决车床夹具的结构特性问题。

根据工件的形状、尺寸、质量和车削的加工要求，并考虑生产批量和企业工艺装备的技术状况等具体条件，首先是定性地选择车床专用夹具的种类及其结构；其次是工件的定位必须保证被加工的孔或外圆的中心与车床主轴回转中心重合；再次是夹具与车床的连接方式和连接精度，这主要取决于车床主轴前端的结构形式；最后是要注意解决由于夹具及工件的旋转所带来的质量平衡和操作安全的问题，以及其他相关问题。

由表5-1中的工序零件图可知，其加工要求：$\phi 40^{+0.027}_{0}$ mm 孔轴线至燕尾底面 C 的距离为（45±0.05）mm，且平行度为0.05mm；另外，其与 $\phi 12$ mm 孔的距离为（8±0.05）mm。按基准重合原则，工件用燕尾面 B 和 C 作为定位基面，可限制五个自由度；用 $\phi 12$ mm 孔的定位基面限制一个自由度。加工时，在 C620 车床上用通孔车刀进行加工，孔径由刀具的横向进刀直接保证，而孔的位置则由车床夹具保证。

相关知识

一、车床夹具的种类和结构形式

除了顶尖、拨盘、自定心卡盘等通用夹具外，安装在车床主轴上的专用夹具通常可分为角铁式、卡盘式、心轴式、夹头式和花盘式等。

1. 角铁式车床夹具

（1）角铁式车床夹具示例　夹具体呈角铁状的车床专用夹具称为角铁式车床夹具。

如图 5-1 所示为车削气门顶杆的角铁式车床夹具。由于该工件是以细小的外圆柱面定位的，因此很难采用自动定心装置，于是采用半圆孔定位元件，夹具体必然设计成角铁状。为了使夹具平衡，该夹具在一侧钻了平衡孔。

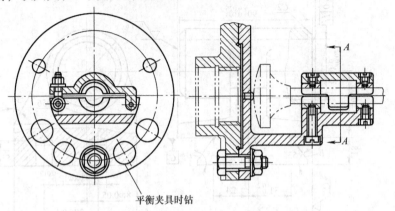

平衡夹具时钻

图 5-1　车削气门顶杆的角铁式车床夹具

（2）角铁式车床夹具的特点和用途

1）其结构不对称，要特别注意质量平衡和操作安全性。

2）工件的主要定位基准是平面，要求被加工表面的轴线对定位基准保持一定的位置关系（平行或成一定角度）。因此，夹具的限位平面必须相应地设置在与车床主轴轴线相平行或成一定角度的位置上。

3）常用于加工壳体、支座、杠杆、接头等零件上的回转面和端面。

2. 卡盘式车床夹具

（1）卡盘式车床夹具示例　卡盘式车床夹具一般用一个以上的卡爪来夹紧工件，多采用定心夹紧机构。

如图 5-2 所示为斜楔-滑块式定心夹紧自定心卡盘，用于加工带轮 $\phi20H9$ 孔，要求同轴度为 $\phi0.05mm$。装夹工件时，将 $\phi105mm$ 孔套在三个滑块卡爪 3 上，并以端面紧靠定位套 1。当拉杆向左（通过气压或液压）移动时，斜楔 2 上的斜槽使三个滑块卡爪 3 同时等速径向移动，从而使工件定心并夹紧。与此同时，压块 4 压缩弹簧销 5。当拉杆反向运动时，在弹簧销 5 作用下，三个滑块卡爪同时收缩，从而松开工件。

斜楔-滑块式定心夹紧机构主要用于工件以未加工或粗加工过的、直径较大的孔定位时的定心夹紧。当工件的定位孔较长时，可采用两列滑块分别在工件孔的两端胀紧的方式，以保证定位的稳定性。

此例的三个滑动卡爪既是定位元件，又是夹紧元件，故称其为定位-夹紧元件。能同时趋近或退离工件，使工件的定位基准总能与限位基准重合，即 $\Delta_y = 0$，这种有定心和夹紧双重功能的机构，称为定心夹紧机构。采用这种机构的车床夹具，其结构是对称的。

定心夹紧机构不仅用在车床夹具上，也广泛用于其他夹具。按定心方式的不同，定心夹紧机构可分为两类。一类为等速移动的定心夹紧机构，它是利用定心-夹紧元件的等速移动来实现定心夹紧的，如图 5-3 和图 5-4 所示。另一类为均匀变形定心夹紧机构，它是利用薄壁弹性元件受力后的弹性变形实现定心夹紧的，如图 5-7 ~ 图 5-10 所示。

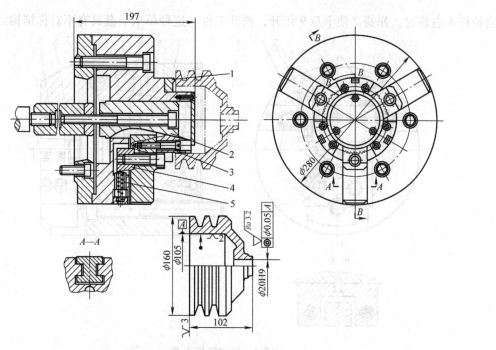

图 5-2　斜楔-滑块式定心夹紧自定心卡盘

1—定位套　2—斜楔　3—滑块卡爪　4—压块　5—弹簧销

如图 5-3 所示为虎钳式定心夹紧两爪卡盘，当用套筒扳手转动螺杆 3 时，受叉形块 1 的限制，螺杆不能移动，而使两 V 形块 4 在夹具体 2 的 T 形槽中移动。由于螺杆的一端是左螺纹，另一端是右螺纹，且螺距相等，所以螺杆转动时，两 V 形块的移动方向相反，速度相等，从而实现定心夹紧。

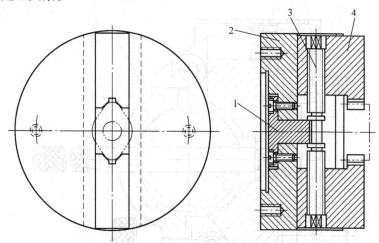

图 5-3　虎钳式定心夹紧两爪卡盘

1—叉形块　2—夹具体　3—螺杆　4—V 形块

如图 5-4 所示为气动杠杆卡盘，用于加工滚轮体零件的圆柱面和端面。工件在 V 形块 3 和支承板 8 上定位。当拉杆 4 左移时，楔块 5 通过圆柱 7、杠杆 6 使卡爪 9 夹紧工件；反之，当拉杆 4 右移时，弹簧 2 使卡爪 9 张开，松开工件。这种单爪卡盘具有不对称结构。

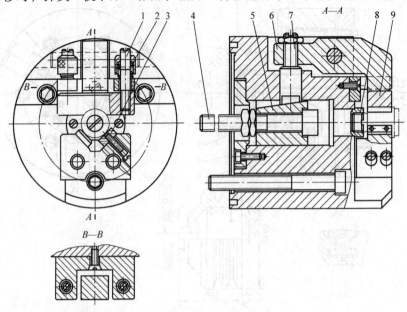

图 5-4　气动杠杆卡盘
1—双头螺柱　2—弹簧　3—V 形块　4—拉杆　5—楔块　6—杠杆
7—圆柱　8—支承板　9—卡爪

如图 5-5 所示为铰链式卡盘，此夹具用于加工活塞销孔。工件以外圆和被加工孔在夹具体 1 上的半圆定位套 5 及可卸定位杆销 3 上定位。通过铰链压板 2 夹紧工件后，取下可卸定位杆销 3 便可对工件进行镗孔加工。此处铰链压板 2 可看作卡爪，因此也属于卡盘类车床夹具。

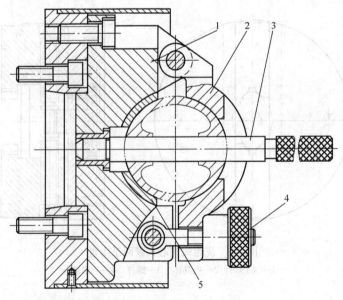

图 5-5　铰链式卡盘
1—夹具体　2—铰链压板　3—可卸定位杆销　4—螺母　5—半圆定位套

如图 5-6 所示为镗削衬套上阶梯孔的气动卡盘。工件以 $\phi100_{-0.035}^{\;\;0}$ mm 外圆及端面在夹具定位套的内孔和端面上定位。夹具由卡盘 1、回转气缸 6 和导气接头 8 三个部分组成。卡盘以其过渡盘 2 安装在主轴 3 前端的轴颈上，回转气缸则通过连接盘 5 安装在主轴末端，活塞 7 和卡盘 1 通过拉杆 4 相连，拉杆 4 通过浮动盘 9 带动三个卡爪 10 夹紧工件。加工时，卡盘和回转气缸随主轴一起旋转，导气接头不转动。

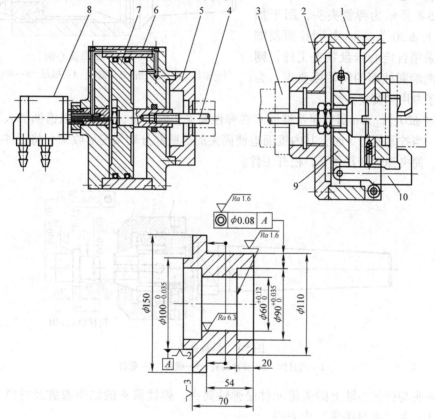

图 5-6　衬套镗孔气动卡盘
1—卡盘　2—过渡盘　3—主轴　4—拉杆　5—连接盘　6—回转气缸
7—活塞　8—导气接头　9—浮动盘　10—卡爪

（2）卡盘式车床夹具的特点和用途

1）用卡盘式车床夹具的零件大都是回转体或对称零件，因此卡盘式车床夹具的结构基本上是对称的，回转时的质量平衡影响较小。

2）常用于以外圆（或内圆）及端面定位的回转体的加工，尽量采用定心夹紧机构。

3. 心轴式及夹头式车床夹具

（1）心轴式及夹头式车床夹具示例　心轴式车床夹具的主要限位元件为轴，常用于以孔作主要定位基准的回转体零件的加工，如套类、盘类零件。常用的有圆柱心轴和弹性心轴。

夹头式车床夹具的主要限位元件为孔，常用于以外圆作主要定位基准的小型回转体零件的加工，如小轴零件，常用的有弹性夹头等。

1）弹簧心轴与弹簧夹头。如图 5-7 所示为手动弹簧心轴，工件以精加工过的内孔在弹性筒夹 5 和心轴端面上定位。旋紧螺母 4，通过锥体 1 和锥套 3 使弹性筒夹 5 向外变形，将工件胀紧。这种夹紧机构称为均匀变形定心夹紧机构。由于弹性变形量较小，要求工件定位孔的精度高于 IT8，所以定心精度一般可达 $0.02 \sim 0.05$mm。

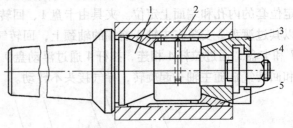

图 5-7　手动弹簧心轴

1—锥体　2—防转销　3—锥套　4—螺母　5—弹性筒夹

如图 5-8 所示为弹簧夹头，用于加工阶梯轴上 $\phi 30_{-0.033}^{0}$mm 外圆柱面及端面。如果采用自定心卡盘装夹工件，则很难保证两端圆柱面的同轴度要求。为此，设计了专用弹簧夹头。

工件以 $\phi 20_{-0.021}^{0}$mm 圆柱面及端面 C 在弹性筒夹 2 内定位，夹具体以锥柄插入车床主轴的锥孔中。当拧紧螺母 3 时，其内锥面迫使筒夹的薄壁部分均匀变形收缩，将工件夹紧。反转螺母时，筒夹弹性恢复张开，松开工件。

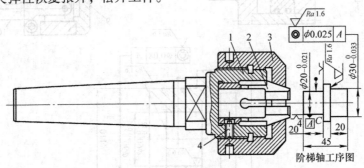

图 5-8　弹簧夹头

1—夹具体　2—弹性筒夹　3—螺母　4—螺钉

弹簧夹头与弹簧心轴上的关键元件是弹性筒夹，弹性筒夹的结构参数及材料、热处理等，均可从有关"夹具手册"中查到。

2）波纹套弹性心轴。如图 5-9 所示，心轴的弹性元件是一个波纹套。当波纹套受到轴向压缩后会均匀地径向扩张，将工件定心并夹紧。其特点是定心精度高，可稳定在 $0.005 \sim$

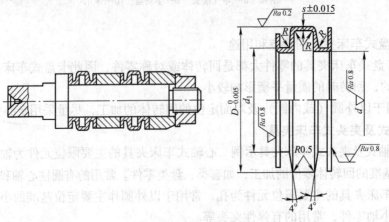

图 5-9　波纹套弹性心轴

0.01mm 之间，适用于定位孔直径大于 20mm、公差等级不低于 IT8 的工件，如齿轮的精加工及检验工序等。缺点是变形量小，适用范围受到限制，制造也较困难。

波纹套的结构尺寸和材料、热处理等，可从有关"夹具手册"中查到。

3）液性介质弹性心轴及夹头。图 5-10a 所示为液性塑料弹性夹头，图 5-10b 所示为液性介质弹性心轴。弹性元件为薄壁套 5，它的两端与夹具体 1 为过渡配合，两者间的环形槽与通道内灌满液性塑料（图 5-10a）或黄油、全损耗系统用油（图 5-10b）。拧紧加压螺钉 2，使柱塞 3 对密封腔内的介质施加压力，迫使薄壁套产生均匀的径向变形，将工件定心并夹紧。当反向拧动加压螺钉 2 时，腔内压力减小，薄壁套依靠自身弹性恢复原始状态而使工件松开。安装夹具时，定位薄壁套 5 相对机床主轴的跳动量，靠调整三个调整螺钉 11 及三个调整螺钉 12 来保证。

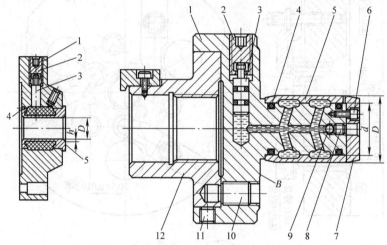

图 5-10　液性介质弹性心轴及夹头

1—夹具体　2—加压螺钉　3—柱塞　4—密封圈　5—薄壁套　6—螺钉　7—端盖
8—螺塞　9—钢球　10、11—调整螺钉　12—过渡盘

液性介质弹性心轴及夹头的定心精度一般为 0.01mm，最高可达 0.005mm。由于薄壁套的弹性变形量不能过大，一般径向变形量 $\varepsilon = (0.002 \sim 0.005)D$。因此，它只适用于定位孔精度较高的精车、磨削和齿轮加工等精加工工序。

薄壁套的结构尺寸和材料、热处理等，可从有关"夹具手册"中查到。

（2）心轴式车床夹具的特点和用途

1）其主要限位元件为轴，常用的有圆柱心轴和弹性心轴。

2）心轴一般以莫氏锥柄与车床主轴锥孔配合连接，用拉杆拉紧。有的心轴则以中心孔与车床前后顶尖配合使用，由鸡心卡头或自动拨盘传递扭矩。

3）常用于以内孔作定位基准的回转体零件的外圆精车，如套类、盘类零件。

（3）夹头式车床夹具的特点和用途

1）其主要限位元件为孔，常用的有弹性夹头等。

2）常用于以外圆作主要定位基准的小型回转体零件的加工，如小轴零件。

总之，心轴式和夹头式两类车床夹具一般常用均匀变形定心夹紧机构，它是利用薄壁弹性元件受力后的弹性变形实现定心夹紧的。

4. 花盘式车床夹具

花盘式车床夹具的基本特征是夹具体为一个大圆盘形零件。在花盘式车床夹具上加工的零件形状一般都比较复杂，零件的定位基准多是用圆柱面和与圆柱面垂直的端面，因而夹具对零件也多是端面定位和轴向夹紧的。

如图 5-11 所示为十字槽轮零件精车 $\phi23^{+0.023}_{0}$ mm 圆弧面的花盘式车床夹具。选定 $\phi5.5h6$ 外圆柱面与端面 B、半精车的 $\phi22.5$ mm 圆弧面（精车第二个圆弧面时则用已经车好的 $\phi23^{+0.023}_{0}$ mm 圆弧面）为定位基面。该夹具可同时加工 3 件，具有较高的生产率。

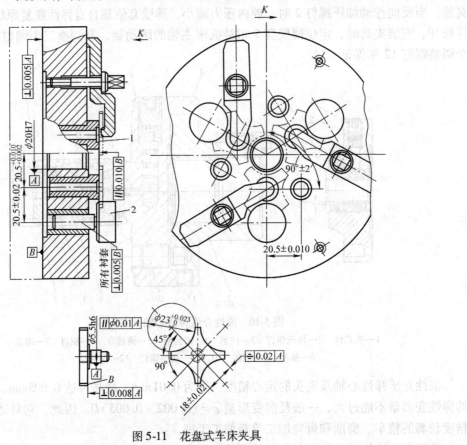

图 5-11　花盘式车床夹具
1—定位套　2—定位销

二、车床夹具结构设计的要点

1. 车床夹具结构形式的选择和设计

设计车床夹具时，应根据工件的加工要求、形状和大小，加工时使用的车床以及生产批量，定性地选择车床夹具的结构形式。具体选择可参阅上节部分内容。

2. 定位装置

在设计车床夹具的定位装置时，不仅要考虑应限制的自由度，最重要的是要使工件加工表面的轴线与车床主轴回转轴线重合。除此之外，定位装置的元件在夹具体上的位置精度直接影响了工件加工表面的位置尺寸精度。

（1）定位元件　对于回转体或对称零件，一般采用心轴或定心夹紧式夹具，以保证工件的定位基面、加工表面和主轴的轴线重合。

对于壳体、支架、托架等形状复杂的工件，由于被加工表面与工序基准之间有尺寸和相互位置要求，所以各定位元件的限位表面应与车床主轴旋转中心具有正确的尺寸和位置关系。

为了获得定位元件相对于机床主轴轴线的准确位置，有时采用"临床加工"的方法，即限位面的最终加工就在使用该夹具的机床上进行，加工完之后夹具的位置不再变动，避免了很多中间环节对夹具位置精度的影响。如采用不淬火自定心卡盘的卡爪（俗称软卡爪），装夹工件前，先对软卡爪的装夹面进行车削加工，以提高装夹精度。

（2）找正基面　若夹具的限位面为与主轴同轴的回转面，则直接用限位表面找正它与主轴的同轴度，如图 5-10 所示液性介质弹性心轴的外圆面。

若限位面偏离回转中心，则应在夹具体上专门制一孔（或外圆）作为找正基面，使该面与机床主轴同轴，同时它也作为夹具的设计、装配和测量基准。

为保证加工精度，车床夹具的设计中心（即限位面或找正基面）对主轴回转中心的同轴度应控制在 $\phi 0.01\text{mm}$ 之内，限位端面（或找正端面）对主轴回转中心的跳动量也不应大于 0.01mm。

3. 夹紧装置

车床夹具在工作中要受到离心力和切削力的作用，其合力的大小与方向相对于工件的定位基准是变化的。因此，夹紧装置要有足够的夹紧力和良好的自锁性，以保证夹紧安全可靠，但夹紧力也不能过大，且要求受力布局合理，不至于破坏定位装置的位置精度。

如图 5-12 所示为在车床上镗轴承座孔的角铁式车床夹具，图 5-12a 所示的施力方式是较为合理的，但与被加工孔离得有些远；图 5-12b 所示的结构虽比较复杂，但从总体上看更为合理；图 5-12c 所示结构尽管简单，但夹紧力会引起角铁悬伸部分及工件的变形，破坏了工件的定位精度，因此不合理。

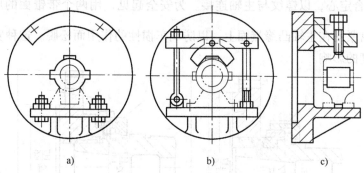

a)　　　　　　　　　　b)　　　　　　　　　　c)

图 5-12　施力方式的比较

另外，对高速切削的车、磨夹具，应进行夹紧力克服切削力和离心力的验算。若采用螺旋夹紧机构，一般要加弹簧垫圈或使用锁紧螺母。

4. 车床夹具在车床主轴上的连接设计要求

车床夹具与主轴的连接精度直接影响到夹具的回转精度，从而造成工件的加工误差。因此，要求夹具的回转轴线与车床主轴回转轴线具有较高的同轴度。

车床夹具与机床主轴的连接结构形式在车床型号确定之后，可由机床使用说明书或有关手册查得。车床主轴前端一般都有锥孔和外锥，或轴颈与凸缘端面等结构提供给夹具的连接基准。但要注意，同类机床因其生产厂家不同，故尺寸可能有差异，最可靠的确定方法是现场测量，避免造成错误或损失。

车床夹具与机床主轴的连接方法主要有两种：夹具通过主轴锥孔与机床主轴连接；夹具通过过渡盘与机床主轴连接。

（1）夹具通过主轴锥孔与机床主轴连接　如图 5-13 所示，$D < 140mm$ 或 $D < (2 \sim 3)d$ 的小型车床夹具一般通过锥柄安装在主轴锥孔中，并在主轴后端穿一根螺栓拉杆拉紧，以防加工中受力松脱。为了加强夹具刚度，经常在夹具另一端开设中心孔，并用尾座顶尖支撑。

（2）夹具通过过渡盘与机床主轴连接　径向尺寸较大的夹具，一般用过渡盘与车床主轴连接，如图 5-14 所示。过渡盘安装在主轴的头部，过渡盘与主轴配合处的形状取决于主轴前端的结构。

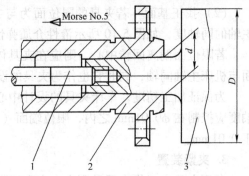

图 5-13　夹具与车床主轴锥孔的连接
1—拉杆　2—主轴　3—夹具

图 5-14a 所示为 C616 车床主轴与过渡盘的连接结构。过渡盘以内锥面定心，端面应紧贴在主轴凸缘端面 M 上，然后用活套将主轴前端的大螺母锁紧。安装时，先将过渡盘推入主轴，使其端面与主轴端面之间有 $0.05 \sim 0.1mm$ 的间隙，用螺钉均匀拧紧后，产生弹性变形，使端面与锥面全部接触。这种安装方式定心精度高，刚性好，但加工精度要求高。该连接方式也常用于 CA6140 机床。

图 5-14b 所示为 C620 车床主轴与过渡盘的连接结构。过渡盘以内圆柱面与主轴前端轴颈用 $\frac{H7}{h6}$ 或 $\frac{H7}{js6}$ 配合定心，以螺纹与主轴连接。为安全起见，用两个带锥面的压块 3，借螺钉的作用将过渡盘紧贴在主轴凸缘端面上，以防倒车惯性的作用而松脱。这种安装方式的安装精度受配合精度的影响。

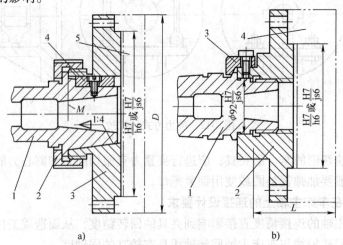

a)　　　　　　　　　　　　　　　b)

图 5-14　过渡盘与车床主轴连接结构
a) 1—主轴　2—大螺母　3—过渡盘　4—键　5—夹具体
b) 1—主轴　2—过渡盘　3—压块　4—夹具体

过渡盘与夹具多采用止口结构定位，采用$\frac{H7}{h6}$或$\frac{H7}{js6}$配合，并用螺钉紧固。过渡盘常为机床配件备用，但止口的凸缘与大端面是由用户根据需要就地加工的。

5. 夹具配重的设计要求

在车床上进行加工时，工件随夹具一起转动，将受到很大的离心力作用，且离心力随转速的增高而急剧增大。这对零件的加工精度、加工过程中的振动以及零件的表面质量都会有很大的影响。因此，车床夹具要注意各装置之间的布局，必要时设计配重块加以平衡。

对角铁式、花盘式等结构不对称的车床夹具，设计时应采取平衡措施，以减少由离心力产生的振动和主轴轴承的磨损。平衡的方法有两种：设置平衡块或加工减重孔。如图 5-1 采用了加工减重孔的方法。

在确定平衡块的质量或减重孔所去除的质量时，可用隔离法作近似估算。即把工件及夹具上的各个元件，隔离成几个部分。互相平衡的各部分可略去不计，对不平衡的部分，则按力矩平衡原理确定平衡块的质量或减重孔应去除的质量。

为了弥补估算法的不准确性，平衡块或夹具体上应开设径向槽或环形槽，以便调整。

6. 夹具总体结构的要求

1）结构要紧凑，悬伸长度要短。车床夹具的悬伸长度过大，会加剧主轴轴承的磨损，同时引起振动，影响加工质量。因此，夹具的悬伸长度 L 与轮廓直径 D 之比应控制如下：

直径小于 150mm 的夹具，$\frac{L}{D} \leqslant 1.25$；直径在 150～300mm 之间的夹具，$\frac{L}{D} \leqslant 0.9$；直径大于 300mm 的夹具，$\frac{L}{D} \leqslant 0.6$。

2）车床夹具的夹具体应制成圆形，夹具上的各元件（包括工件在内）不应伸出夹具体的轮廓之外，当夹具上有不规则的突出部分，或有切削液飞溅及切屑缠绕时，应加设防护罩。

3）夹具的结构应便于工件在夹具上装夹和测量，切屑能顺利排出或清理。

 任务实施

设计加工表 5-1 所示零件精车工序的车床夹具一套。

一、拟订夹具结构方案

1. 拟订定位方案及其定位装置的结构

（1）拟订车削开合螺母 $\phi 40^{+0.021}_{0}$mm 孔的定位方案

1）定位方式。为明确加工要求所应限制的自由度，在工序零件图的基础上，建立三维坐标系，如图 5-15 所示。

为保证被加工孔与 C 面的高度定位尺寸 (45 ± 0.05)mm，应限制$\vec{Z}$、$\widehat{X}$、$\widehat{Y}$三个方向的自由度；为保证被加工孔与孔 $\phi 12^{+0.019}_{0}$mm 的距离 (8 ± 0.05)mm，应限制$\vec{Y}$、$\widehat{X}$、$\widehat{Z}$三个方向的自由度；为保证被加工孔轴线对 C 面的平行度，应限制$\widehat{Y}$的转动自由度；为保证被加工孔轴线对两 B 面的对称中心平面的垂直度要求，应限制$\widehat{Y}$、$\widehat{Z}$两个方向的转动自由度；为保证端面车削，应限制$\vec{X}$的移动自由度。综上所述，该工序的定位必须限制$\vec{X}$、$\vec{Y}$、$\vec{Z}$、$\widehat{X}$、$\widehat{Y}$、$\widehat{Z}$六个自由度，即该工序属于完全定位类型。

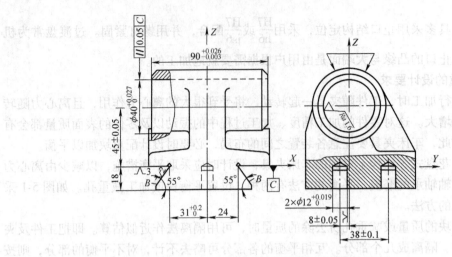

图 5-15　开合螺母车孔的定位及夹紧方案图

2）基准的合理性及定位元件的基本结构。

①为保证所车的孔轴线对 C 面高度和平行度要求，按"基准重合原则"，应选 C 面作为定位基准。根据本工序的加工要求和加工过程，C 面应作为该工序的主要基准，设置三个限位点即限制三个自由度。

②为保证所车的孔对两个 B 面的对称面的垂直度要求，按"基准重合原则"，应选两个 B 面的对称中心平面作为定位基准，其定位基面为两个 B 面。根据加工要求，并结合上述主要基准的选择，两个 B 面应限制两个自由度。

综上所述，在工件的燕尾位置，选用一个固定的燕尾块作为定位元件，而在其对面位置则选用一个活动的燕尾块作为定位元件。

③经过上述的选用，现仅剩 $\bar{y}$ 的移动自由度未限制，按"基准重合原则"，应选距离被加工孔（8 ± 0.05）mm 的小孔作为定位基准。具体而言，在该小孔位置上设置一个削边销，放置该削边销时，其削边方向应与两个燕尾块的对称面平行。

（2）选择定位元件，确定定位装置

1）燕尾面的定位元件。一端的燕尾面采用固定的燕尾块，如图 5-16 所示的固定燕尾块 1；另一端则用活动的燕尾块，如图 5-16 所示的活动燕尾块 3。

2）小圆孔的定位元件。由于采用了燕尾块，故小孔的菱形销采用轴向伸缩式，以方便工件的装卸，如图 5-16 所示的活动菱形销 2。

（3）分析计算定位误差　本道工序为精车 $\phi 40^{+0.027}_{0}$ mm 孔及车端面，其主要加工要求为：$\phi 40^{+0.027}_{0}$ mm 孔轴线至燕尾顶面的距离为（45 ± 0.05）mm；$\phi 40^{+0.027}_{0}$ mm孔轴线相对燕尾顶面的平行度为 0.05 mm；$\phi 40^{+0.027}_{0}$ mm 孔轴线与 $\phi 12^{+0.019}_{0}$ mm孔的距离为（8 ± 0.05）mm；$\phi 40^{+0.027}_{0}$ mm 孔轴线相对两 B 面的对称

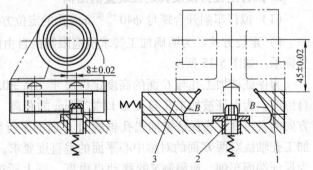

图 5-16　开合螺母的定位装置图
1—固定燕尾块　2—活动菱形销　3—活动燕尾块

面的垂直度为 0.05mm。因此要对以上 4 个要求进行定位误差的分析和计算。

1）尺寸（45 ± 0.05）mm 的定位误差。按图 5-16 所示，燕尾顶面既是定位基准，又是工序基准，即基准重合。故 $\Delta_B = 0$。

工件在夹具上定位时，不存在基准位移误差，故 $\Delta_Y = 0$。

因此，加工尺寸（45 ± 0.05）mm 的定位误差 $\Delta_D = \Delta_B + \Delta_Y = 0$。

2）相对燕尾顶面的平行度 0.05mm 的定位误差。理由与（45 ± 0.05）mm 的定位误差相同，平行度的定位误差 $\Delta_D = 0$。

3）尺寸（8 ± 0.05）mm 的定位误差。按图 5-16 所示，$\phi 12^{+0.019}_{0}$mm 孔既是定位基准，又是工序基准，即基准重合，故 $\Delta_B = 0$。

工件在夹具上定位时，$\phi 12^{+0.019}_{0}$mm 孔用菱形销 $\phi12g6$（$^{-0.006}_{-0.017}$）限位，故定位基准与限位基准不重合。由于燕尾块的限位作用，其变动方向只能是沿着燕尾块的长度方向（即与尺寸 8mm ± 0.05mm 方向一致）。故 $\Delta_Y = X_{max} = 0.019$mm $+ 0.017$mm $= 0.036$mm。

因此，加工尺寸（8 ± 0.05）mm 的定位误差 $\Delta_D = 0.036$mm。

4）相对两 B 面的对称面的垂直度 0.05mm 的定位误差。按图 5-16 所示，两个 B 面的对称面既是定位基准，又是工序基准。故 $\Delta_B = 0$。

工件在夹具上定位时，定位基面 B 与燕尾块 1 和 3 的燕尾面重合，故 $\Delta_Y = 0$。

因此，垂直度 0.05mm 的定位误差 $\Delta_D = \Delta_B + \Delta_Y = 0$。

通过分析和计算定位误差，图 5-16 的定位能满足开合螺母孔的加工要求。

2. 拟订夹紧装置的结构

（1）拟订夹紧方案　初步选定在开合螺母外圆的上端夹紧工件（图 5-15），夹紧力方向斜向下。因此，夹紧力方向指向第一和第二定位基面，使定位可靠。同时，夹紧位置也靠近加工表面。

（2）夹紧机构　采用摆动 V 形块 3（图 5-17）作为夹紧元件。

为保证夹紧可靠，结构简单，并结合已经选用的摆动 V 形块，以方便装卸工件。因而，夹紧机构采用铰链夹紧机构，如图 5-17 所示。

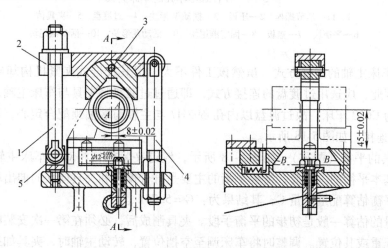

图 5-17　开合螺母车孔的夹紧装置简图

1、4—螺栓　2—压板　3—摆动 V 形块　5—铰链叉座

选用活节螺栓 M12×110（及130） GB/T 798，如图5-17所示的活节螺栓1（及4）。选用铰链压板 B14×180 JB/T 8010.14—1999，如图5-17所示的压板2。选用叉座 14 JB/T 8035—1999，如图5-17所示的铰链叉座5。而摆动V形块3为非标准件，可用标准V形块与弧形压块的结合体进行设计。

（3）夹紧的可靠性 在车床上车孔的加工过程中，工件受力的来源主要有两个：一个是车削时产生的车削力；另一个是摆动V形块3夹紧时所产生的夹紧力。其他如重力，由于很小，因此可忽略不计。从该工件的定位及夹紧方式（图5-17）分析，在车削过程中，只要定位元件不发生破坏，工件就不会产生任何方向的移动或转动。因此，该夹具的夹紧是完全可靠的。

3. 拟订夹具体的结构及其与车床的连接元件

（1）夹具体的结构 开合螺母结构属于座类零件，其定位基准为平面，且考虑夹具与车床主轴的连接，因此拟采用角铁式车床夹具结构，即夹具体为半开式结构，整个夹具体近似"L"形，如图5-18所示的夹具体5。夹具体毛坯采用铸件，材料为HT200。

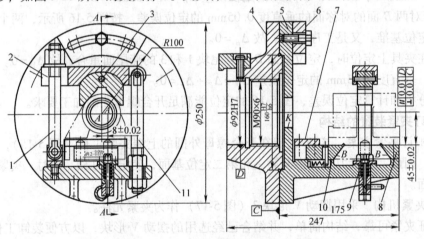

图5-18 开合螺母车孔的车床夹具

1、11—活节螺栓 2—压板 3—摆动V形块 4—过渡盘 5—夹具体
6—平衡块 7—盖板 8—固定燕尾块 9—活动菱形销 10—活动燕尾块

（2）与车床主轴的连接方式 虽然该工件不大，但其铰链式夹紧机构却导致整个夹具变得较大，因此，应选用过渡盘的连接方式，即通过过渡盘将夹具与车床主轴连接起来。本工序的设备为C620车床，故过渡盘以内孔φ92H7与主轴前端轴颈配合定心，以螺纹（M90×6）与主轴连接，如图5-18所示。

（3）夹具的平衡（配重） 如图5-18所示，铰链夹紧机构相对于车床主轴旋转中心近似对称，是基本平衡的。因此，需要平衡的主要是开合螺母和夹具体5的伸出端。

按力矩平衡估算配重质量G，其结果为：G = 5.75kg。

配重质量的估算一般是初步的平衡手段。夹具制成后，必须在第一次安装时进行平衡试验，即调整配重或其位置。调整时将车床调至空挡位置，转动主轴时，夹具如果始终在某一位置上停止，则朝下一方偏重，应调整平衡块的位置，以达到转动时夹具在任意方向停下即可，以取得整个夹具的实际平衡。

二、校核夹具的精度

1. 定位误差

1）尺寸（45 ± 0.05）mm 的定位误差 $\Delta_D = 0$。

2）平行度 0.05mm 的定位误差 $\Delta_D = 0$。

3）尺寸（8 ± 0.05）mm 的定位误差 $\Delta_D = 0.036$mm。

4）垂直度 0.05mm 的定位误差 $\Delta_D = 0$。

2. 导向（或对刀）误差 Δ_T

该夹具没有导向或对刀元件，因此也就不存在该项误差。

3. 夹具的安装误差 Δ_A

（1）过渡盘与主轴间的最大配合间隙　过渡盘与车床主轴的配合尺寸为 $\phi92H7/js6$，查标准公差表得：

$\phi92H7$ 为 $\phi 92^{+0.035}_{0}$ mm，$\phi92js6$ 为（$\phi92 \pm 0.011$）mm，$X_{1max} = (0.035 + 0.011)$ mm = 0.046mm

（2）过渡盘与夹具体间的最大配合间隙　夹具体与过渡盘止口的配合尺寸为 $\phi160H7/js6$，查标准公差表得：

$\phi160H7$ 为 $\phi 160^{+0.040}_{0}$ mm，$\phi160js6$ 为（$\phi160 \pm 0.0125$）mm，$X_{2max} = (0.040 + 0.0125)$ mm = 0.0525mm

4. 夹具误差 Δ_J

（1）定位元件相对于安装基准的尺寸或位置误差 Δ_{J1}　夹具误差为限位基面（燕尾块 8、10 的平面）与止口轴线间的距离误差，即如图 5-18 所示的尺寸（45 ± 0.02）mm 的公差 0.04mm，以及限位基面相对安装基面 D、C 的平行度和垂直度误差 0.01mm（两者公差兼容）。

（2）定位元件相对于对刀元件（包含对刀元件之间）的尺寸或位置误差 Δ_{J2}　不存在该项误差。

（3）对刀元件相对于安装基准的尺寸或位置误差 Δ_{J3}　不存在该项误差。

（4）分度装置相对于定位元件、导向元件及安装基准的尺寸或位置误差 Δ_F　本工序夹具没有分度装置，故不存在分度误差。

5. 加工方法误差 Δ_G

因该项误差影响因素多，又不便于计算，故根据经验取其为工件相应公差的 1/3，即 $\Delta_G = \delta/3$。

6. 精车 $\phi40^{+0.027}_{0}$ 孔工序的加工精度计算（表 5-2）

表 5-2　在角铁式车床夹具上车削开合螺母 $\phi40^{+0.027}_{0}$ mm 孔的加工精度计算

误差计算　　　加工要求　　误差名称	车孔轴线至燕尾底面 C 的距离（45 ± 0.05）mm	车孔轴线相对 C 面的平行度 0.05mm	车孔轴线与 $\phi12$mm 孔的距离（8 ± 0.05）mm	车孔轴线相对两 B 面的对称面的垂直度 0.05mm
Δ_D	0	0	0.036	0
Δ_T	不存在			
Δ_A	$\Delta_{A1} = 0.046$ $\Delta_{A2} = 0.0525$	0	$\Delta_{A1} = 0.046$ $\Delta_{A2} = 0.0525$	0

（续）

误差计算 误差名称 \ 加工要求	车孔轴线至燕尾底面 C 的距离（45±0.05）mm	车孔轴线相对 C 面的平行度 0.05mm	车孔轴线与 ϕ12mm 孔的距离（8±0.05）mm	车孔轴线相对两 B 面的对称面的垂直度 0.05mm
Δ_J	$\Delta_{J1} = 0.04$ $\Delta_{J2} = 0.01$	0.01	0	0.01
Δ_C	0.033	0.017	0.033	0.017
$\sqrt{\Sigma\Delta_i^2}$	0.088	0.020	0.085	0.020
δ	0.10	0.05	0.1	0.1
	$\sqrt{\Sigma\Delta_i^2} < \delta$	$\sqrt{\Sigma\Delta_i^2} < \delta$	$\sqrt{\Sigma\Delta_i^2} < \delta$	$\sqrt{\Sigma\Delta_i^2} < \delta$

由表 5-2 可知，该车床夹具能满足车孔的各项精度要求。

三、绘制夹具装配图

根据图 5-18 的夹具结构图，按夹具装配图应标注的尺寸、公差和技术要求，以及各类机床夹具公差和技术要求制订的依据和具体方法，绘制车床夹具装配图，如图 5-19 所示。

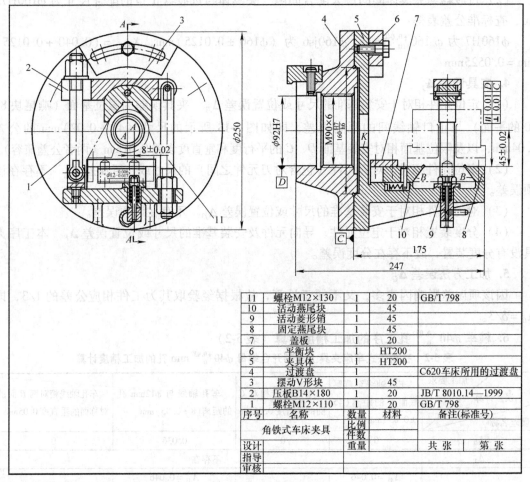

11	螺栓M12×130	1	20	GB/T 798
10	活动燕尾块	1	45	
9	活动菱形销	1	45	
8	固定燕尾块	1	45	
7	盖板	1	20	
6	平衡块	1	HT200	
5	夹具体	1	HT200	
4	过渡盘	1		C620车床所用的过渡盘
3	摆动V形块	1	45	
2	压板B14×180	1	20	JB/T 8010.14—1999
1	螺栓M12×110	1	20	GB/T 798
序号	名称	数量	材料	备注(标准号)

角铁式车床夹具 / 比例 / 件数

设计		重量		共 张	第 张
指导					
审核					

图 5-19　车床夹具装配图

四、绘制夹具零件图

略

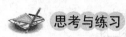 思考与练习

1. 分析图 5-20 所示的定位方案是否合理。如不合理，请改正。

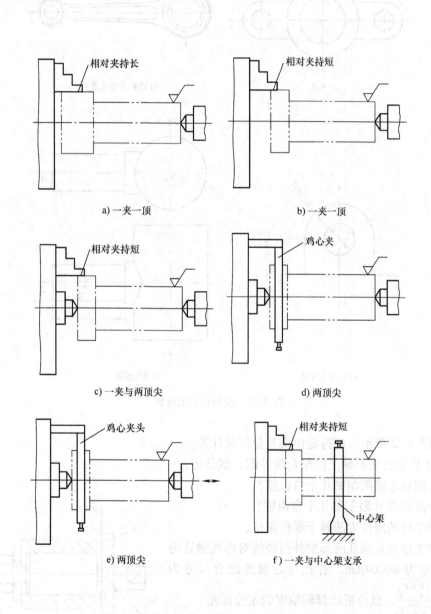

a) 一夹一顶   b) 一夹一顶

c) 一夹与两顶尖   d) 两顶尖

e) 两顶尖   f) 一夹与中心架支承

图 5-20 定位方案分析

2. 如图 5-21 所示，根据工件加工要求，分析各工序理论上应该限制哪些自由度？

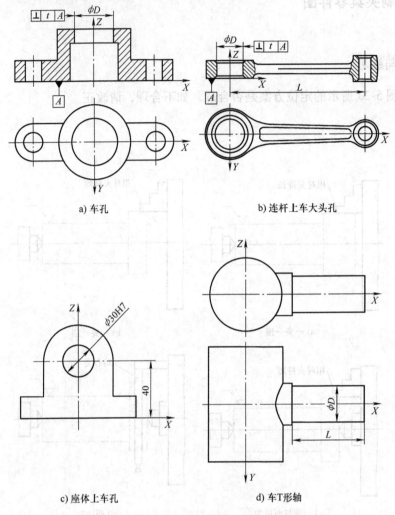

a) 车孔

b) 连杆上车大头孔

c) 座体上车孔

d) 车T形轴

图 5-21　限制自由度分析

3. 如图 5-22 所示，进行定位误差分析及计算。

套筒工件装夹在心轴上以车台阶外圆，试分析：

1）长圆柱心轴限制哪几个自由度？

2）台阶端面 B 限制哪几个自由度？

3）该工件的定位方法属于哪种定位？

4）该工序要求保证所车的外圆轴线对内孔轴线的同轴度误差为 $\phi0.04$mm。若孔与心轴的配合尺寸为 $\phi30\dfrac{H7\left(^{+0.021}_{\ \ 0}\right)}{g6\left(^{-0.007}_{-0.020}\right)}$，试分析计算同轴度的定位误差。

4. 如图 5-23 所示，进行夹紧与结构分析，并改错。

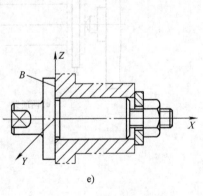

e)

图 5-22　定位误差分析

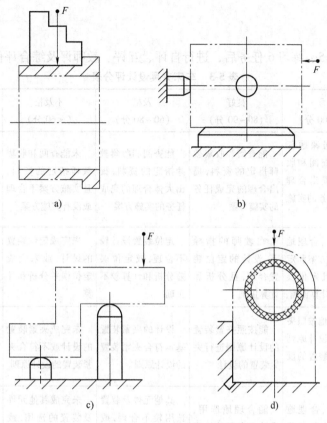

图 5-23　夹紧与结构分析

5. 如图 5-24 所示为对开轴承座，本工序是车削 φ32H8 孔及其倒角。已知工件材料为 HT200，生产类型为中批量。试设计该工序的车床夹具。

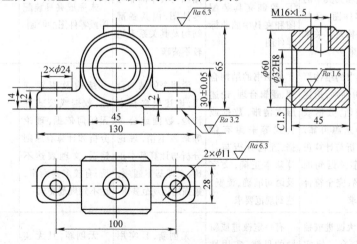

图 5-24　轴承座的车孔工序图

6. 试设计项目 1 中任务 3（连杆加工工艺）中的车削大头端面及孔 $\phi 37.4_{0}^{+0.039}$ mm 工序的车床夹具。该连杆的其他相关尺寸均在任务 3 的工序卡中查出。

评价与反馈

通过完成练习5、练习6任务后，进行自评、互评、教师评及综合评价（见表5-3）。

表5-3 车床夹具设计评分表

项目	权重	优秀 （90~100分）	良好 （80~90分）	及格 （60~80分）	不及格 （<60分）	评分	备注
查阅收集	0.10	能根据课题任务，独立查阅和收集资料，提出合理的完成任务的实施方案	能查阅和收集教师指定的资料，提出合理的完成任务的实施方案	能查阅和收集教师指定的资料，提出大体合理的完成任务的实施方案	未能查阅和收集教师指定的资料，且实施方案不合理或没有实施方案		
定位设计	0.15	能独立、合理地设计定位方案和定位结构，且定位误差分析和计算正确	在教师的指导下，设计的定位装置合理，且分析和计算正确	定位装置设计较不合理，或定位误差分析和计算较不正确	未完成定位装置的设计，或未完成定位误差分析和计算		
夹紧设计	0.15	能独立地按照夹紧装置的设计原则进行夹紧装置的设计	能按照夹紧装置的设计原则进行夹紧装置的设计	设计的夹紧装置基本符合夹紧装置的设计原则	未完成夹紧装置的设计或不符合夹紧装置的设计原则		
其他	0.15	能独立、合理地选用、设计和布置其他元件及装置	能合理地选用、设计和布置其他元件及装置	其他元件及装置选用较不合理，或设计较不合理，或布置较不合理	未完成其他元件及装置的选用，或设计，或布置的工作		
设计图样	0.20	能独立绘制夹具装配图和夹具中的非标零件图，且其各部结构及其关系表达清晰	在教师的指导下，绘制夹具装配图和夹具中的非标零件图	能绘制夹具装配图和夹具中的非标零件图，但其各部结构及其关系表达较不清晰	未完成夹具装配图或零件图的绘制		
设计说明书	0.20	说明书的结构严谨，逻辑性强，论述层次清晰，数据或公式等来源可靠，理论分析与计算正确，文字及语句准确、流畅，完全符合规范要求	说明书的结构合理，逻辑合理，论述层次清晰，数据或公式等来源有依据，理论分析与计算基本正确，文字及语句准确、流畅，达到规范要求	说明书的结构合理，论述层次基本清楚，数据或公式等来源不清，理论分析与计算基本正确，文理基本通顺，勉强达到规范要求	结构及逻辑混乱，数据或公式等无任何依据，理论分析和计算有原则错误，文理表达不清，有较多错别字，达不到规范要求		
创新	0.05	有重大改进或独特见解，有一定实用价值	有一定改进或新颖的见解，实用性尚可	无创新，且实用价值较低	无创新，且无实用价值		

任务 6　铣床夹具设计

6

铣床夹具主要用于加工零件上的平面、凹槽、键槽、花键、缺口及各种成形面时的零件装夹。

夹具设计人员根据任务书提出的铣削任务进行相应的铣床夹具的结构设计，经过分析、选用及计算等方法和步骤，绘制铣床夹具装配图及其非标零件图，并编写铣床夹具的设计说明书。铣床夹具设计是夹具制造过程中最为重要和关键的一步。

> **学习目标**
>
> 1. 能够根据工序图及其工艺资料设计工件的铣削装夹方案。
>
> 2. 能够根据工件结构及其加工要求，选择铣床夹具类型，并按其特征进行相关的设计。
>
> 3. 能够绘制铣床夹具装配图。
>
> 4. 能够编写铣床夹具的设计说明书。

📖 任务描述

某企业接到一批表 6-1 所示的连杆产品生产订单，数量为 5000 件/年的加工任务。其中要完成连杆中 10mm×3.2mm 共四槽的铣削加工，为了更快更好地完成该任务，现需要组织技术人员设计该工序的铣床夹具。

表 6-1　铣削连杆 10mm×3.2mm 槽工序的主要技术参数

工件名称	连杆	机床型号	普通铣床 X6132
材料	45 钢	夹具类型	专用夹具（设计任务）
生产类型	批量	同时装夹工件数	1 件
刀具	直柄键槽铣刀 φ10e8　GB/T 1112—2012		
工序内容及要求	铣均布的四个槽，槽宽 $10^{+0.2}_{0}$ mm，槽深 $3.2^{+0.4}_{0}$ mm，槽中心平面与两轴线组成的平面夹角为 45°±0.5°		

（续）

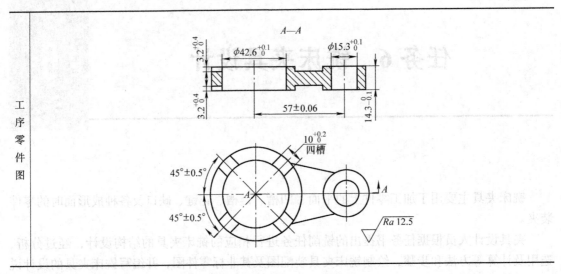

工序零件图

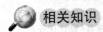

在设计铣床夹具时，同样要学习铣床夹具设计的相关知识，既要分析和解决一般夹具的定位和夹紧等共性问题，也要分析和解决铣床夹具的结构特性问题。如选择铣床夹具的种类及其结构、选用，设计对刀装置和连接装置；若是多件的或多件又多工位的，必须考虑高效的夹紧机构，以及多工位转台；同时要解决夹具在铣削过程中的平稳性问题，以及其他相关问题。

由表 6-1 中的工序零件图可知，加工要求：铣削大头两端面各四个（共八个）槽，槽宽为 $10^{+0.2}_{0}$ mm，槽深为 $3.2^{+0.4}_{0}$ mm，且槽的中心平面与两孔轴线组成的平面夹角为 $45° \pm 0.5°$。工件在槽深方向上的工序基准是和槽相连的端面，若以此端面为平面定位基准，则符合基准重合原则；但由于要在此面上铣槽，夹具的定位面必然朝下，导致工件定位夹紧困难以及夹具结构复杂。如果选择与加工槽相对的另一端面为定位基准，则会基准不重合，但考虑到槽深的公差 0.4mm 较大，初步估计应能保证精度要求；还可以使得定位夹紧可靠，操作方便，夹具结构也较为简单。

加工时，在 X6132 铣床上用键槽铣刀进行加工，槽宽由刀具直接保证，槽深和角度位置要由铣床夹具保证。另外，还必须考虑加工过程中的装夹和工位问题，即该工件在四次安装所构成的四个工位上加工完成八个槽。

相关知识

一、铣床夹具的种类和结构形式

铣床夹具的分类方法很多，一般可按工件的进给方式、夹紧工件的数目与夹紧方式、装卸工件时间是否与机动时间重合、夹具动作是否连续等进行分类。但由于铣削中多数是夹具与工作台一起做进给运动，且铣床夹具的整体结构很大程度上又取决于铣削的进给方式，故下面只讨论按工件的进给方式分类。

按铣削时的进给方式，可将铣床夹具分为直线进给、圆周进给和靠模进给三大类。其中，靠模进给在实际中已经很少应用了，故本节主要介绍前两种铣床夹具。

1. 直线进给铣床夹具

这类夹具安装在铣床工作台上，加工中随工作台按直线进给方式运动。根据工件的质量、结构及生产批量，工件可按单件、多件串联或多件并列的方式安装在夹具上。铣床夹具也可采用分度等形式，以使装卸时间与机动时间重合。

（1）单件装夹铣床夹具 图6-1所示为铣削套筒工件上端面通槽的铣床夹具。工件以外圆柱面在固定V形块7上定位，以下端面在支撑套5上定位，从而在夹具中实现了五点定位。

扳动手柄，带动偏心轮3转动，可使活动V形块6左右移动，从而将工件夹紧和松开。

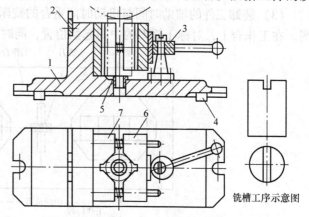

图6-1 铣削套筒端面径向槽直线进给铣床夹具
1—夹具体 2—对刀块 3—偏心轮 4—定位键 5—支撑套
6—活动V形块 7—固定V形块

为完成快速调整铣刀，夹具上设置有对刀块2。利用夹具底面的定位键4与工作台T形槽的对定安装，可迅速确定夹具相对机床工作台的位置关系，保证V形块对称中心平面相对工作台纵向导轨的平行度。

但这种夹具每次只能装夹一件，生产率低，多用于小批量生产。

（2）多件装夹铣床夹具 图6-2所示为轴端铣方头夹具，该夹具一次可装夹四个工件，并可通过回转座4的90°转位，实现一次装夹下完成四方端头两个方向上的铣削加工。

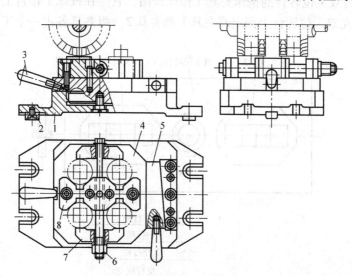

图6-2 轴端铣方头夹具
1—夹具体 2—定位键 3—手柄 4—回转座 5—楔块 6—螺母
7—浮动压板 8—V形块

工件以外圆柱面在双 V 形块的 V 形槽内定位，并利用浮动压板 7 和螺母 6 将四个工件同时夹紧。工件四方尺寸由四片三面刃铣刀的组合距离保证。在铣完一个方向后，松开楔块 5，将工件连同回转座 4 一起转过 90°后再楔紧，即可进行另一个方向的铣削。利用这种装夹及转位，大大节省了装夹和切削时间。

（3）装卸工件的辅助时间与机动时间重合的铣床夹具 图 6-3 为摆式铣床夹具工作原理图。在工作台上，对称于铣刀的中间起始位置，同时安装夹具 1 和夹具 2。

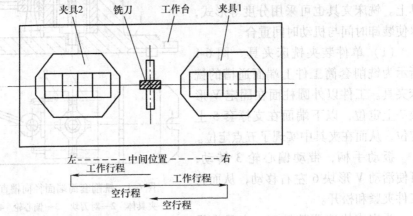

图 6-3 摆式铣床夹具工作原理图

当工作台向左移动时，铣刀便加工夹具 1 中的工件，与此同时，工人便可装卸夹具 2 中的工件，并清理切屑。待夹具 1 中工件加工完毕后，工作台立即向右快进至中间起始位置（空行程），然后继续向右工进，加工夹具 2 中的工件，这时，工人又可以装卸夹具 1 中的工件，并清理切屑。工作台如此往复循环，就像钟摆一样，所以称为摆式铣削。

图 6-4 所示为双工位转台的铣床夹具工作原理图，它是在铣床工作台上再安装了一个双工位转台，然后在双工位转台上固定着夹具 1 和夹具 2，两夹具各占一个工位，即装卸工位和加工工位。

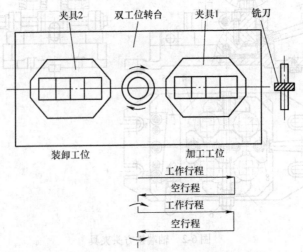

图 6-4 双工位转台的铣床夹具工作原理图

当工作台向右工作进给，铣刀加工夹具1中的工件，与此同时，工人可在夹具2上装卸工件，并清理切屑。待夹具1中的工件加工完毕后，工作台快速退回至中间起始位置，然后将双工位转台转过180°，使得夹具2转到加工工位。工作台再向右工作进给，铣刀加工夹具2中的工件，工人又可以装卸（已转到装卸工位的）夹具1上的工件，并清理切屑。

安装左、右两部夹具，夹具可以是单件的、多件的及多工位的结构形式。当一部夹具在进行加工，可在另一部夹具上装卸工件，从而使工件的装卸包含在另一工位工件的切削加工时间中，这种专门设置的装卸工位，消除了装卸辅助时间，使得切削加工可以连续进行。这种重合原理被广泛应用于专业化大规模生产中，并由双工位发展到多工位，形成连续进给方式的回转夹具，使得设备可以始终维持高速运转，提高生产率。

（4）直线进给铣床夹具的特点和用途

1）其整体结构多数呈凸起长方形，随工作台直线进给。在被加工表面的相应位置上，一般设有对刀装置。在夹具体下部，一般设有连接装置。

2）根据工件的质量、结构及生产批量，工件可按单件、多件串联或多件并列的方式安装在夹具上，且可采用分度形式，以使装卸时间与机动时间重合。

3）单件夹具一般用于小批量生产，或大型工件的加工。而多件夹具广泛用于大、中批量生产的中、小零件加工，可按先后加工、平行加工，或平行—先后加工等方式设计铣床夹具，以节省切削的基本时间或使切削的基本时间重合。

2. 圆周进给铣床夹具

圆周进给铣床夹具多用在有回转工作台或回转鼓轮的铣床上，依靠回转台或鼓轮的旋转将工件顺序送入铣床的加工区域，以实现连续铣削（空行程非常短）。在切削的同时，可在装卸区域装卸工件，使辅助时间与机动时间重合，因此它是一种高效率的铣床夹具，主要用于大批量生产的中、小零件加工。

图6-5所示为在立式铣床上连续铣削拨叉的叉口两端面的夹具。

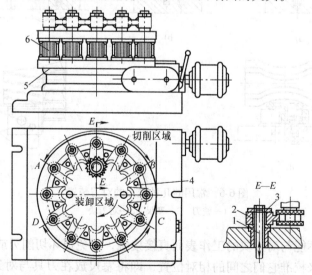

图6-5 立式铣床上连续铣削拨叉的叉口两端面的夹具

1—拉杆 2—定位销 3—开口垫圈 4—挡销 5—转台 6—液压缸

工件以圆孔及其端面和侧面在定位销 2 和挡销 4 上定位，由液压缸 6 驱动拉杆 1，通过开口垫圈 3 将工件夹紧。夹具上同时装夹 12 个工件。电动机通过蜗轮蜗杆机构带动工作台回转，*AB* 扇形区是切削区域，*CD* 扇形区是装卸工件区域，可在不停机的情况下装卸工件。

设计圆周铣床夹具时应注意下列问题：

1）沿圆周排列的工件应尽量紧凑，以减少铣刀的空行程和转台（或鼓轮）的尺寸。

2）尺寸较大的夹具不宜制成整体式，可将定位、夹紧元件或装置直接安装在转台上。

3）夹紧用手柄、螺母等元件，最好沿转台外沿分布，以便操作。

4）应设计合适的工作节拍，以减轻工人的劳动强度，并注意安全。

二、铣床夹具的设计要点

1. 铣床夹具结构形式的选择

设计铣床夹具时，应根据工件的加工要求、形状和大小，所使用的铣床以及生产批量，定性地选择铣床夹具的结构形式。

2. 对刀装置的选用

对刀装置主要由对刀块和塞尺构成，它用于确定刀具与夹具的相对位置。

如图 6-6 所示为常用的几种铣刀的对刀装置，图 6-6a 所示为高度对刀装置，用于铣平面时对刀；图 6-6b 所示对刀块 3 是直角对刀块，用于加工键槽或台阶面时对刀；图 6-6c、d 所示为成形刀具对刀装置，用于加工成形表面时对刀；图 6-6e 所示为组合刀具对刀装置，对刀块 3 是方形对刀块，用于组合铣刀的垂直和水平方向对刀。

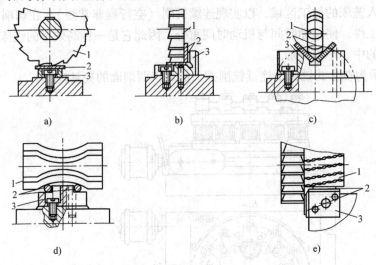

图 6-6　常用的几种铣刀的对刀装置

1—铣刀　2—塞尺　3—对刀块

对刀时，铣刀不能与对刀块的工作表面直接接触，以免损坏切削刃或造成对刀块过早磨损，而应通过塞尺来校准它们之间的相对位置，即将塞尺放在刀具与对刀块工作表面之间，凭借抽动塞尺的松紧感觉来判断铣刀的位置。如图 6-7 所示为常用的两种标准塞尺结构；图 6-7a 所示为对刀平塞尺，$s = 1 \sim 5\text{mm}$，公差取 h8；图 6-7b 所示为对刀圆柱塞尺，$d = 3 \sim$

5mm，公差取 h8。具体结构尺寸可参阅 JB/T 8032—1999。铣床夹具装配图上应标注塞尺的尺寸和公差。

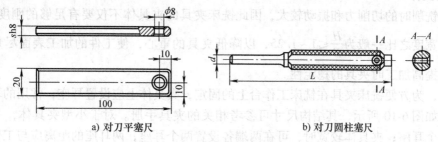

a) 对刀平塞尺　　　　　　　b) 对刀圆柱塞尺

图 6-7 对刀用的标准塞尺

3. 定位键

为了确定夹具与机床工作台的相对位置，在夹具体的底面上应设置定位键。通过定位键与铣床工作台上的 T 形槽配合，确定夹具在机床上的正确位置。两定位键之间的距离越大，定向精度越高。

定位键还能承受部分切削转矩，减轻夹具固定螺栓的负荷，增加夹具的稳定性。因此，铣平面夹具有时也需装定位键。

定位键分为矩形和圆形两种，如图 6-8 所示。常用的是矩形定位键，其结构尺寸已标准化，可参阅 JB/T 8016—1999。

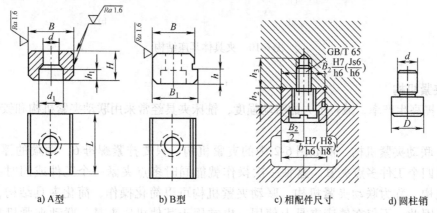

a) A 型　　　b) B 型　　　c) 相配件尺寸　　　d) 圆柱销

图 6-8 定位键

矩形定位键有两种结构形式：A 型和 B 型。A 型定位键的宽度按统一尺寸 B（h6 或 h8）制作，适用于夹具的定向精度要求不高的场合。B 型定位键的侧面开有沟槽，沟槽的上部与夹具体的键槽配合，其宽度尺寸 B 按 H7/h6 或 JS6/h6 与键槽相配合；沟槽的下部宽度为 B_1，与铣床工作台的 T 形槽配合。因为 T 形槽公差为 H8 或 H7，故 B_1 一般按 h8 或 h6 制造。为了提高夹具的定位精度，在制造定位键时，B_1 应留有磨量 0.5mm，以便与工作台 T 形槽修配。

定向精度要求高的铣床夹具，可不设置定位键，而在夹具体的侧面加工出一窄长平面作为夹具安装时的找正基面，如图 6-9 所示的 A 面，通过找正获得较高

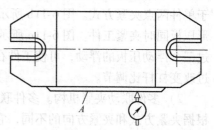

图 6-9 铣床夹具的找正基面

的定向精度。

4. 夹具体

由于铣削时的切削力和振动较大，因此铣床夹具的夹具体不仅要有足够的刚度和强度，其高度与宽度之比一般为$\frac{H}{B} \leqslant 1 \sim 1.25$，以降低夹具的重心，使工件的加工表面尽量靠近工作台面，提高加工时夹具的稳定性。

此外，为方便铣床夹具在铣床工作台上的固定，夹具体上应设置耳座，常用的耳座结构有两种，如图 6-10 所示，其结构尺寸可参考相关的夹具手册。对于小型夹具体，一般两端各设置一个耳座；夹具体较宽时，可在两端各设置两个耳座，两耳座的距离应与工作台上两 T 形槽的距离一致；对于重型铣床夹具，夹具体两端还应设置吊装孔或吊环等。

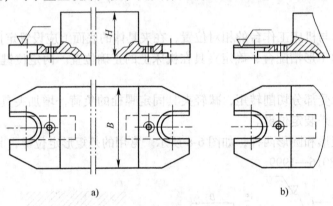

a)   b)

图 6-10 夹具体耳座结构

5. 夹紧机构

为了提高生产率，减轻工人的劳动强度，铣床夹具经常采用联动夹紧机构和铰链夹紧机构。

（1）联动夹紧机构 例如图 6-2 中的夹紧机构，只要拧紧螺母 6，两端的浮动压板 7 便同时将四个工件多点夹紧。这种一次操作就能同时多点夹紧一个工件或同时夹紧几个工件的机构，称为联动夹紧机构。联动夹紧机构可以简化操作，简化夹具结构，节省装夹时间。因此，不仅在铣床夹具上使用，也常用于其他机床夹具。联动夹紧机构可分为单件联动夹紧机构和多件联动夹紧机构。前者对一个工件进行多点夹紧，后者能同时夹紧几个工件。

1）单件联动夹紧机构。最简单的单件联动夹紧机构是浮动压头，如图 6-11a 所示，属于单件两点夹紧方式。图 6-11b 所示为单件三点联动夹紧机构，拉杆带动浮动盘，使三个钩形压板同时夹紧工件。图 6-11c 所示为铰链压板式四点联动夹紧机构，拧紧图中的螺母，通过三个浮动压板的浮动，可使工件在两个方向四个点上得到夹紧，各方向夹紧力的大小可通过改变杠杆比调节。

2）多件联动夹紧机构。多件联动夹紧机构多用于小型工件，并广泛应用于铣床夹具。根据夹紧方式和夹紧方向的不同，它可分为平行夹紧、顺序夹紧、对向夹紧和复合夹紧四种方式。

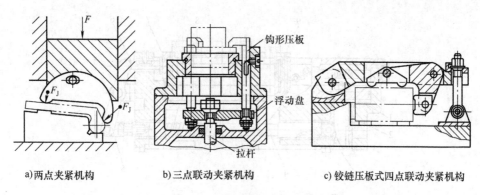

a)两点夹紧机构　　　b)三点联动夹紧机构　　　c)铰链压板式四点联动夹紧机构

图 6-11　单件联动夹紧机构

如图 6-12 所示为多件平行联动夹紧机构，在一次装夹多个工件时，若采用刚性压板（图 6-12a），则因工件的直径不等及 V 形块有误差，使各工件所受的力不等或夹不住。采用图 6-12b 所示的三个浮动压板，可同时夹紧所有工件，且各工件所受的夹紧力理论上相等。

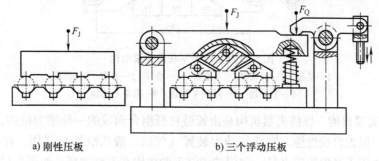

a)刚性压板　　　　　　　　b)三个浮动压板

图 6-12　多件平行联动夹紧机构

如图 6-13 所示为同时铣削四个工件的顺序夹紧铣床夹具。当压缩空气推动活塞 1 向下移动时，活塞杆 2 上的斜面推动滚轮 3 使推杆 4 向右移动，通过杠杆 5 使顶杆 6 顶紧 V 形块 7，通过中间三个浮动 V 形块 8 及固定 V 形块 9，连续夹紧四个工件，理论上每个工件所受的夹紧力等于总夹紧力。加工完毕后，活塞 1 作反向运动，推杆 4 在弹簧的作用下退回原位，V 形块松开，装卸工件。

对于这种顺序夹紧方式，由于工件的误差和定位——夹紧元件的误差依次传递，逐个积累，故只适用于在夹紧方向上没有加工要求的工件。

设计时不要拘泥于一种夹紧方式，往往是各种夹紧方式综合使用。

3）设计联动夹紧机构时应注意的问题

①要设置浮动环节。为了使联动夹紧机构的各个夹紧点能同时、均匀地夹紧工件，各夹紧元件的位置应能协调浮动。例如图 6-11b 中的浮动盘、图 6-11c 和图 6-12b 中的三个浮动压板，都是为此目的而设置的，称为浮动环节。若有 n 个夹紧点，则应有 $(n-1)$ 个浮动环节。

②同时夹紧的工件数量不宜太多。

③有较大的总夹紧力和足够的刚度。

④力求设计成增力机构，并使结构简单、紧凑，以提高机械效率。

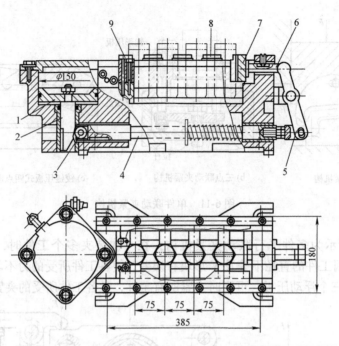

图 6-13　多件顺序联动夹紧机构

1—活塞　2—活塞杆　3—滚轮　4—推杆　5—杠杆　6—顶杆

7—V 形块　8—浮动 V 形块　9—固定 V 形块

（2）铰链夹紧机构　铰链夹紧机构是由铰链杠杆组合而成的一种增力机构，其结构简单，增力倍数较大，但无自锁性能。它常与动力装置（气缸、液压缸等）联用，在气动铣床夹具中应用较广，也用于其他机床夹具。常用的铰链夹紧机构有五种类型，如图 6-14 所示。

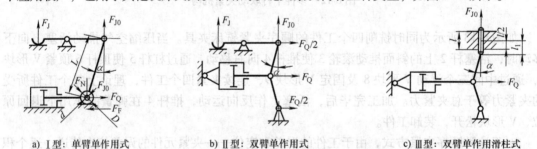

a) Ⅰ型：单臂单作用式　　　　b) Ⅱ型：双臂单作用式　　　　c) Ⅲ型：双臂单作用滑柱式

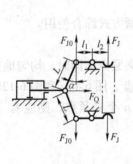

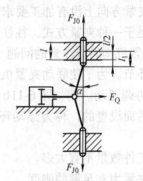

d) Ⅳ型：双臂双作用式　　　　　e) Ⅴ型：双臂双作用式

图 6-14　铰链夹紧机构的基本类型

如图 6-15 所示为 Ⅰ 型单臂单作用铰链夹紧机构工作时，连杆的变位情况。

当连杆的倾斜角为零时（即 α_0），连杆末端的极限位置为 B 点，实际使用时，为了防止夹紧机构失效，连杆末端的位置应与 B 点保持一个最小距离，只能到 C 点。DC 称为铰链夹紧机构传力点的行程 S，BC 称为传力点行程的最小储备量 S_C，一般取 $S_C \geqslant 0.5\text{mm}$。图 6-15 中的 S_0 是气缸的工作行程。

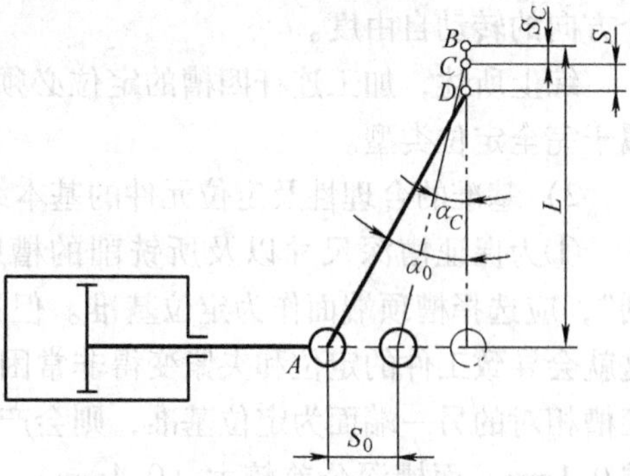

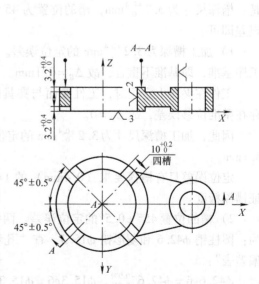

图 6-15　Ⅰ型单臂单作用铰链夹紧机构
传力点的行程和最小储备量

S_C 的计算公式如下

Ⅰ、Ⅳ、Ⅴ 型　　$S_C = L(1 - \cos\alpha_C)$　　(6-1)

Ⅱ、Ⅲ型　　$S_C = 2L(1 - \cos\alpha_C)$　　(6-2)

式中　L——连杆长度（mm）；

α_C——最小储备倾斜角（°）。

S_0、S 的计算公式如下：

Ⅰ型单臂单作用铰链夹紧机构

$$S_0 = L(\sin\alpha_0 - \sin\alpha_C) \tag{6-3}$$

$$S = L(\cos\alpha_C - \cos\alpha_0) \tag{6-4}$$

Ⅱ、Ⅲ、Ⅳ、Ⅴ 形铰链夹紧机构

$$S_0 = L(\sin\alpha_0 - \sin\alpha_C) \tag{6-5}$$

$$S = 2L(\cos\alpha_C - \cos\alpha_0) \tag{6-6}$$

式中　α_0——开始夹紧时连杆的倾斜角（°）。

设计铰链夹紧机构时，先确定 S_C、α_0、L，再根据式（6-1）或式（6-2）算出 α_C，最后计算 S_0、S。

铰链夹紧机构其他尺寸的计算可参考有关夹具手册。

　任务实施

设计加工表 6-1 所示连杆零件的铣床夹具。

一、拟订夹具的结构方案

1. 拟订定位方案及其定位装置的结构

（1）拟订加工连杆 $10\text{mm} \times 3.2\text{mm}$ 槽的定位方案

1）定位方式。为明确连杆 $10\text{mm} \times 3.2\text{mm}$ 槽加工要求所应限制的自由度，在工序零件图的基础上建立三维坐标系，如图 6-16 所示。

为保证槽深尺寸 $3.2^{+0.4}_{0}\text{mm}$，应限制 $\overline{Z}$ 的移动自由度。为保证角度 $45° \pm 0.5°$ 及其槽中心平面与大孔轴线相交，应限制 $\overline{X}$、$\overline{Y}$、$\widehat{X}$、$\widehat{Y}$、$\widehat{Z}$ 五个方向的自由度。根据图 6-16 所示可知，槽

图 6-16　拨叉铣槽工序定位分析

底对槽顶平面应有平行度要求，为保证槽底平面对槽顶平面的平行度要求，应限制 $\widehat{X}$、$\widehat{Y}$ 两个方向的转动自由度。

综上所述，加工连杆四槽的定位必须限制 $\overrightarrow{X}$、$\overrightarrow{Y}$、$\overrightarrow{Z}$、$\widehat{X}$、$\widehat{Y}$、$\widehat{Z}$ 六个自由度，该工序属于完全定位类型。

2）基准的合理性及定位元件的基本结构

①为保证槽深尺寸以及所铣削的槽底面对槽顶端面的平行度要求，按"基准重合原则"，应选择槽顶端面作为定位基准。但是，此端面上要铣槽，夹具的定位基面必然向下，这就会导致工件的定位和夹紧变得非常困难，造成整个夹具结构也较为复杂。如果选择与加工槽相对的另一端面为定位基准，则会产生基准不重合误差，其大小等于两端面间的尺寸公差0.1mm。而槽深公差较大（0.4mm），故可保证精度要求。并且，还可以使定位夹紧可靠，操作方便。因此，应选择工件底面作为定位基准，采用平面为定位元件，即限制三个自由度。

②为保证所铣槽对大小孔轴线组成的平面成45°±0.5°角要求，以及槽中心平面与大孔轴线相交的要求，按"基准重合原则"，应选大、小头孔轴线作为定位基准。为避免发生过定位现象，采用一个圆柱销和一个菱形销做定位元件。其中的圆柱销与大孔面为一对定位副，而菱形销则与小孔面为另一对定位副，以保证槽中心平面通过大孔的轴线。

如图6-17所示，工件以一面两孔为定位基准，而定位元件采用一面两销，分别限制工件的六个自由度，属于完全定位。为提高加工效率，采用两个菱形销，以使连杆加工完共线两槽后，松开并旋转90°装夹，即可铣削另一对共线两槽。同理，采用上述方式，即可铣削另一端面的四个槽。

（2）选择定位元件，确定定位装置

1）$\phi42.6$mm 大孔的定位元件：采用 $\phi42.6$g6 的圆柱销，即图6-17中的圆柱销1。

2）$\phi15.3$mm 小孔的定位元件：采用 $\phi15.3$g6 的菱形销，即图6-17中的菱形销2。

（3）分析计算定位误差　除开槽宽 $10^{+0.2}_{0}$mm 由铣刀保证外，本工序的主要加工要求是：槽深尺寸为 $3.2^{+0.4}_{0}$mm，槽的位置为45°±0.5°。因此，计算上述两项加工要求的定位误差即可。

1）加工槽深为 $3.2^{+0.4}_{0}$mm 的定位误差。按图6-17所示，工件底面是定位基准，但不是工序基准，即基准不重合，故 $\Delta_B = 0.1$mm。

工件在夹具上定位时，工件底面与夹具的定位平面（限位基准）总是重合的，因此不存在基准位移误差，故 $\Delta_Y = 0$。

因此，加工槽深尺寸为 $3.2^{+0.4}_{0}$mm 的定位误差 $\Delta_D = 0.1$mm。

定位误差只有槽深要求（0.4mm）的1/4，故可保证槽深精度。

2）槽的位置45°±0.5°的定位误差。两销直径分别为：圆柱销 $\phi42.6$ 和菱形销 $\phi15.3$，查"孔和轴的标准偏差表"：

$\phi42.6$g6 $= \phi42.6^{-0.009}_{-0.025}$，$\phi15.3$g6 $= \phi15.3^{-0.006}_{-0.017}$。

由于定位基准与工序基准重合，所以 $\Delta_B = 0$。

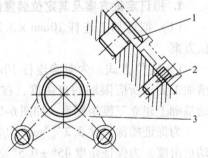

图6-17　连杆铣槽工序的定位方案图

1—圆柱销　2—菱形销　3—工件

由于定位基准与限位基准不重合，即定位孔与定位销之间的配合间隙会造成基准位移误差，有可能导致工件两定位孔中心线相对规定位置的倾斜，其最大转角误差 Δ_α 为

$$\Delta_\alpha = \arctan \frac{X_{1max} + X_{2max}}{2L}$$

$$= \arctan \frac{(ES_1 - ei_1) + (ES_2 - ei_2)}{2L}$$

$$= \arctan \frac{(0.1 + 0.025) + (0.1 + 0.017)}{2 \times 57}$$

$$= \arctan 0.00212$$

$$= 0.12°$$

该倾斜对工件45°的最大影响量为 ±0.12°。

定位误差小于槽的角度位置要求（±0.5°）的1/4，故可保证位置精度。

2. 拟订夹紧装置的结构

（1）拟订夹紧方案及夹紧装置的结构　根据工件的定位方案，考虑夹紧力的作用点及方向，拟采用图6-16所示的夹紧方案。因它的夹紧点选在大孔上端面，接近被加工面，增加了工件的刚度，切削过程中不易产生振动，工件夹紧变形也小，使夹紧可靠。但对夹紧机构的高度必须加以限制，以防止与铣刀杆相碰。

由于该工件外形尺寸较小，又不属于大批量，为使夹具结构简单，拟采用手动的螺旋压板夹紧机构，如图6-18所示。

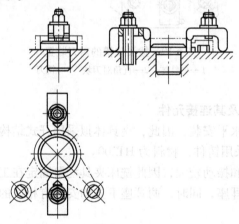

图6-18　螺旋压板夹紧机构

（2）工位变更的方案　铣削工件每一面的两对槽时，先铣削一对槽，然后进行90°转位，再铣削另一对槽。

1）方案1：采用分度装置，当加工完一对槽后，将工件与分度装置一起转过90°，再加工另一对槽。

2）方案2：在夹具上安装两个相差为90°的菱形销，加工完一对槽后，松开工件，将工件转过90°套在另一个菱形销上，重新夹紧后再加工另一对槽。

方案1的操作较为简便，但其分度装置的结构却较为复杂，且分度装置与夹具体之间也需要锁紧，导致其在操作上节省的时间并不多。并且，其设计、制造等周期长，费用高，适

用于大批量生产。而该零件批量不大，因此采用方案2还是可行的。

（3）夹紧的可靠性　在铣床上铣槽的加工过程中，工件受力的来源主要有两个：一个是铣削时产生的铣削力；另一个是两处夹紧时所产生的夹紧力。其他如重力等，由于很小，因此可忽略不计。从该连杆的定位及夹紧方式（图6-18）分析，在铣削过程中，只要定位元件不发生破坏，工件就不会产生任何方向的移动或转动。因此，该夹具的夹紧是完全可靠的。

3. 拟订对刀装置

由表6-1可知，铣槽刀具为键槽铣刀，加工时既有槽位置的要求，又有槽深要求，因此要同时保证键槽铣刀相对于工件的两个相互垂直方向的距离尺寸。再加上应考虑对刀块与夹具体的连接安装，因此选用直角对刀块，如图6-19所示。

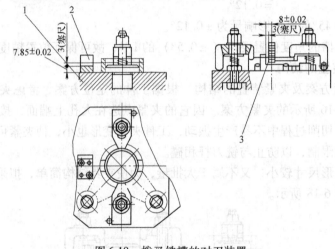

图6-19　拨叉铣槽的对刀装置
1—夹具体　2—直角对刀块　3—铣刀

4. 拟订夹具体的结构及其连接元件

由于该工件在夹具上水平安装，因此，夹具体拟采用开式结构，整个夹具体类似于扁平"凸"字形。夹具体毛坯采用铸件，材料为HT200。

由于铣削时的切削力和振动较大，因此铣床夹具均要固定在工作台上。在夹具体上沿着被加工通槽方向设置两个耳座，同时，两耳座下方均安装有相应的定位键，如图6-20所示。

5. 绘制钻模结构草图

根据上述的分析和计算，结合图6-17（定位装置）、图6-18（夹紧装置）和图6-19（对刀装置），绘制铣削连杆通槽的铣床夹具草图，如图6-20所示。

二、校核夹具的精度

由表6-1中的工序零件图可知，本工序所设计的铣床夹具需保证的加工要求有：槽深尺寸 $3.2^{+0.4}_{0}$mm 和槽的位置 $45°\pm0.5°$，而槽宽 $10^{+0.2}_{0}$mm 由键槽铣刀直径保证，故无需精度校核。

1. 槽深尺寸 $3.2^{+0.4}_{0}$mm 的精度分析

1）槽深的定位误差 $\Delta_D = 0.1$mm。

2）如图6-20所示，夹具定位面 N 对夹具底面 M 的平行度会导致工件倾斜，引起被加工槽的底面与其端面（工序基准）不平行，进而会影响槽深的尺寸精度。按夹具技术要求的第一条为不大于 0.03/100，因此，在工件大头约 50mm 范围内的影响值应不大于 0.015mm。

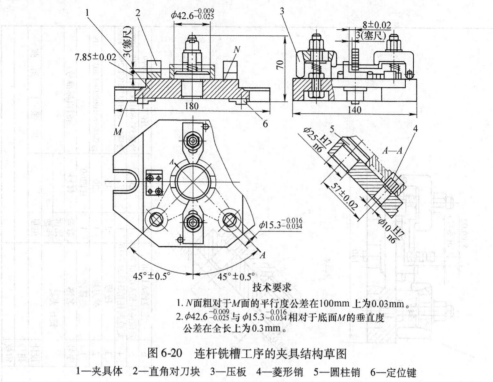

技术要求

1. N 面粗对于 M 面的平行度公差在 100mm 上为 0.03mm。
2. $\phi 42.6_{-0.025}^{-0.009}$ 与 $\phi 15.3_{-0.034}^{-0.016}$ 相对于底面 M 的垂直度公差在全长上为 0.3mm。

图 6-20　连杆铣槽工序的夹具结构草图

1—夹具体　2—直角对刀块　3—压板　4—菱形销　5—圆柱销　6—定位键

3）加工方法有关误差，如对刀具的制造和对刀误差，铣刀的跳动、机床工作台的倾斜等因素所引起的加工方法误差，可根据生产经验并参照经济加工精度进行确定，故本工序取为 0.015mm。

以上三项可能造成的最大误差为 0.265mm，这远小于工件槽深要求保证的 0.4mm。

2. 槽的位置 45°±0.5°（即 45°±30′）的精度分析

1）槽位置的定位误差 $\Delta_D = \pm 0.12° = \pm 7.2'$。

2）由图 6-20 可知，夹具上两菱形销分别和圆柱销中心连线的角度位置公差为 $\pm 5'$，会直接影响工件的 45°精度。

3）机床纵向进给方向对工作台 T 形槽方向的平行度误差，可参照机床精度标准中的规定以及机床磨损情况来确定。此值通常不大于 0.03/100，经换算后，相当于角度误差为 $\pm 1'$。这个误差会直接影响工件的 45°精度。

综合以上三项误差，其最大角度误差为 $\pm 7.2' \pm 5' \pm 1' = \pm 13.2'$，此值远小于工序要求的角度公差 $\pm 30'$。

综上所述，该夹具能满足连杆铣槽的工序要求，并有较大的精度储备。

三、绘制夹具装配图

根据图 6-20 的钻模结构草图，按夹具装配图应标注的尺寸、公差和技术要求，以及各类机床夹具公差和技术要求制订的依据和具体方法，绘制铣床夹具装配图，如图 6-21 所示。

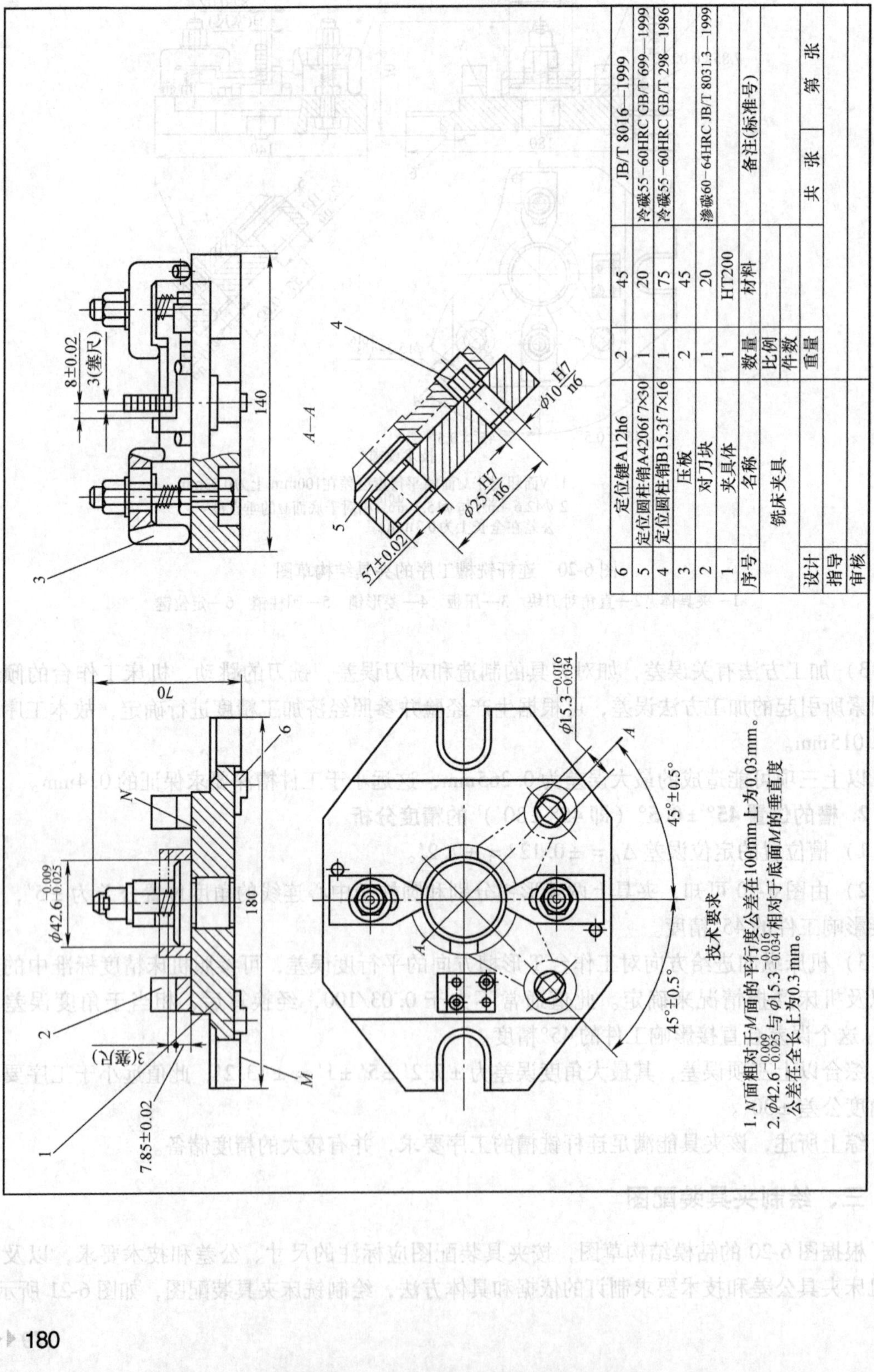

图6-21 铣床夹具装配图

序号	名称	数量	材料	备注(标准号)
6	定位键A12h6	2	45	JB/T 8016—1999
5	定位圆柱销A4206f7×30	1	20	冷碳55~60HRC GB/T 699—1999
4	定位圆柱销B15.3f7×16	1	75	冷碳55~60HRC GB/T 298—1986
3	压板	2	45	
2	对刀块	1	20	渗碳60~64HRC JB/T 8031.3—1999
1	夹具体	1	HT200	
序号	名称	数量	材料	备注(标准号)

铣床夹具

设计		比例			共 张 第 张
指导		件数			
审核		重量	件数		

$\phi 10 \frac{H7}{n6}$

$\phi 25 \frac{H7}{n6}$

A—A

8 ± 0.02

3(塞尺)

140

5 ± 0.02

$\phi 42.6^{-0.009}_{-0.025}$

180

70

7.85 ± 0.02

3(塞尺)

M

N

$\phi 15.3^{-0.016}_{-0.034}$

$45° \pm 0.5°$

$45° \pm 0.5°$

技术要求

1. N面粗对于M面的平行度公差在100mm上为0.03mm。
2. $\phi 42.6^{-0.009}_{-0.025}$ 与 $\phi 15.3^{-0.016}_{-0.034}$ 相对于M底面的垂直度公差在全长上为0.3mm。

四、绘制夹具零件图

略

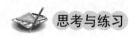 思考与练习

1. 分析图 6-22 所示的定位方案是否合理。如不合理，请改正。

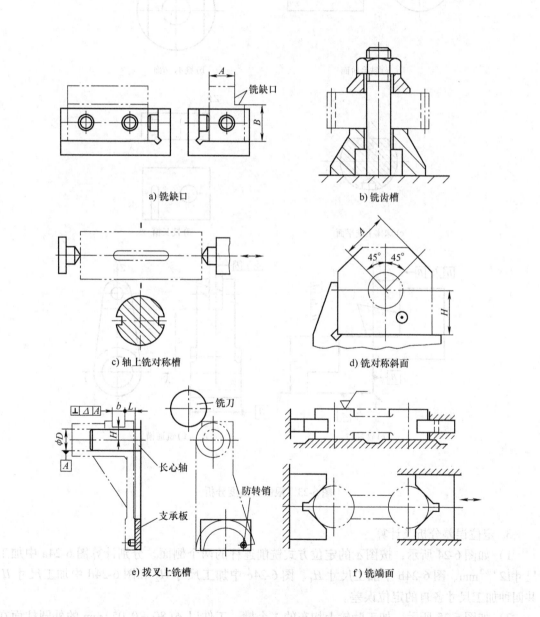

a) 铣缺口

b) 铣齿槽

c) 轴上铣对称槽

d) 铣对称斜面

e) 拨叉上铣槽

f) 铣端面

图6-22 定位方案分析

2. 如图 6-23 所示，根据工件加工要求，分析各工序理论上应该限制哪些自由度？

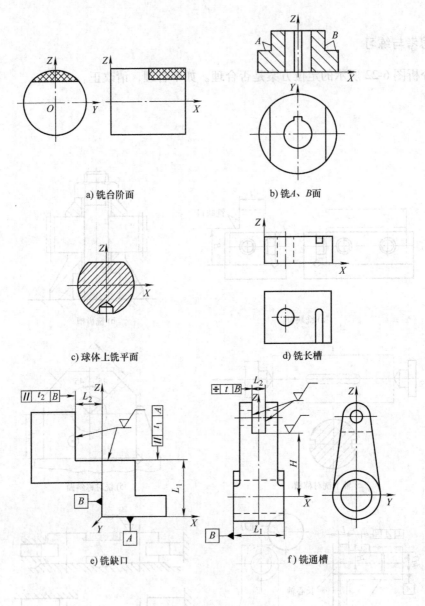

a) 铣台阶面

b) 铣 A、B 面

c) 球体上铣平面

d) 铣长槽

e) 铣缺口

f) 铣通槽

图 6-23　限制自由度分析

3. 定位误差分析及计算

1) 如图 6-24 所示，按图示的定位方式铣削连杆的两个侧面，分别计算图 6-24a 中加工尺寸 $12_{\;0}^{+0.3}$ mm、图 6-24b 中加工尺寸 H_1、图 6-24c 中加工尺寸 H_2 和图 6-24d 中加工尺寸 H_3 共四种加工尺寸各自的定位误差。

2) 如图 6-25 所示，加工叶轮上均布的 4 个槽，工件以 $\phi(80 \pm 0.05)$ mm 的外圆柱面在定位元件的 $\phi 80_{+0.07}^{+0.10}$ mm 止口中定位。求槽的对称度的定位误差。

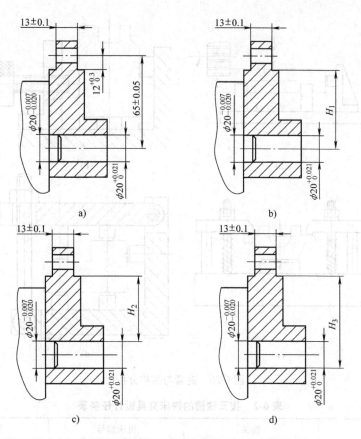

图 6-24 铣连杆两个侧面的定位方案简图

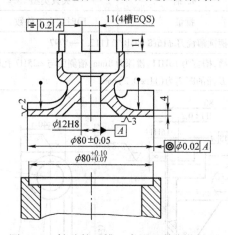

图 6-25 铣叶轮四槽工序图及其定位简图

4. 如图 6-26 所示，进行夹紧与结构分析，并改错。

5. 根据表 6-2 中的工序零件图，在拨叉上铣槽。根据工艺规程，这是最后一道机加工工序，加工要求有：槽宽为 16H11，槽深为 8mm，槽侧面与 $\phi25H7$ 孔轴线的垂直度公差为 0.08mm，槽侧面与 E 面的距离为 (11 ± 0.2)mm。其他相关内容和拨叉各表面相互位置关系及尺寸见表 6-2。试设计其铣床夹具。

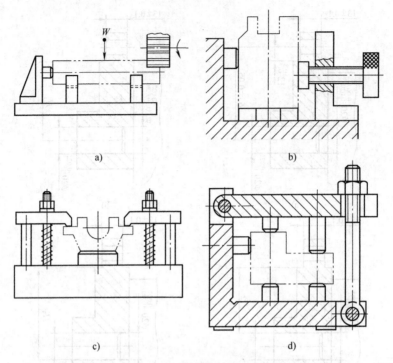

a) b) c) d)

图 6-26　夹紧与结构分析

表 6-2　拨叉铣槽的铣床夹具设计任务表

工件名称	拨叉	机床型号	铣床 X6132
材料	45 钢	夹具类型	专用夹具（设计任务）
生产类型	批量	同时装夹工件数	1 件
刀具	直柄键槽铣刀 $\phi16e8$　GB/T 1112.1—1997		
工序内容及要求	铣槽，槽宽为 16H11，槽深为 8mm，槽侧面与 $\phi25H7$ 孔轴线的垂直度公差为 0.08mm，槽侧面与 E 面的距离为 (11 ± 0.2)mm		

工序零件图

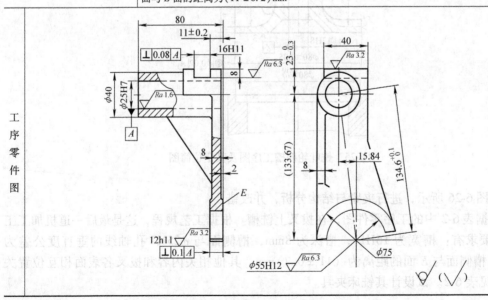

评价与反馈

通过完成练习5任务后，进行自评、互评、教师评及综合评价（表6-3）。

表6-3 铣床夹具设计评分表

项目	权重	优秀 （90~100分）	良好 （80~90分）	及格 （60~80分）	不及格 （<60分）	评分	备注
查阅收集	0.10	能根据课题任务，独立查阅和收集资料，提出合理的完成任务的实施方案	能查阅和收集教师指定的资料，提出合理的完成任务的实施方案	能查阅和收集教师指定的资料，提出大体合理的完成任务的实施方案	未能查阅和收集教师指定的资料，且实施方案不合理或没有实施方案		
定位设计	0.15	能独立、合理地设计定位方案和定位结构，且定位误差分析和计算正确	在教师的指导下，设计的定位装置合理，且分析和计算正确	定位装置设计较不合理，或定位误差分析和计算较不正确	未完成定位装置的设计，或未完成定位误差分析和计算		
夹紧设计	0.15	能独立地按照夹紧装置的设计原则进行夹紧装置的设计	能按照夹紧装置的设计原则进行夹紧装置的设计	设计的夹紧装置基本符合夹紧装置的设计原则	未完成夹紧装置的设计或不符合夹紧装置的设计原则		
其他	0.15	能独立、合理地选用、设计和布置其他元件及装置	能合理地选用、设计和布置其他元件及装置	其他元件及装置选用较不合理，或设计较不合理，或布置较不合理	未完成其他元件及装置的选用，或设计，或布置的工作		
设计图样	0.20	能独立绘制夹具装配图和夹具中的非标零件图，且其各部结构及其关系表达清晰	在教师的指导下，绘制夹具装配图和夹具中的非标零件图	能绘制夹具装配图和夹具中的非标零件图，但其各部结构及其关系表达较不清晰	未完成夹具装配图或零件图的绘制		
设计说明书	0.20	说明书的结构严谨，逻辑性强，论述层次清晰，数据或公式等来源可靠，理论分析与计算正确，文字及语句准确、流畅，完全符合规范要求	说明书的结构和逻辑合理，论述层次清晰，数据或公式等来源有依据，理论分析与计算基本正确，文字及语句准确、流畅，达到规范要求	说明书的结构合理，论述层次基本清楚，数据或公式等来源不清，理论分析与计算基本正确，文理基本通顺，勉强达到规范要求	结构及逻辑混乱，数据或公式等无任何依据，理论分析和计算有原则错误，文理表达不清，有较多错别字，达不到规范要求		
创新	0.05	有重大改进或独特见解，有一定实用价值	有一定改进或新颖的见解，实用性尚可	无创新，且实用价值较低	无创新，且无实用价值		

参 考 文 献

[1] 朱耀祥，浦林祥. 现代夹具设计手册 [M]. 北京：机械工业出版社，2009.

[2] 肖继德，陈宁平. 机床夹具设计 [M]. 2版. 北京：机械工业出版社，2008.

[3] 王先逵. 机械加工工艺手册：2卷 [M]. 2版. 北京：机械工业出版社，2007.

[4] 陈宏钧. 实用机械加工工艺手册 [M]. 2版. 北京：机械工业出版社，1996.

[5] 孙本绪，熊万武. 机械加工余量手册 [M]. 2版. 北京：国防工业出版社，1999.

[6] 陈宏钧. 简明机械加工工艺手册 [M]. 北京：机械工业出版社，2008.

[7] 艾兴，肖诗钢. 切削用量简明手册 [M]. 3版. 北京：机械工业出版社，2004.

[8] 汤习成. 机械制造工艺学 [M]. 北京：中国劳动社会保障出版社，2004.